CW01626463

LONDRES

EN MOUVEMENT

Collection Villes en mouvement

À la mémoire de Marc-Alexandre Millanvoye, le John Peel parisien.
Pour Lulu Norman, sans laquelle je n'aurais jamais aimé cette ville.

Direction artistique : Kamy Pakdel

77, rue du Faubourg-Saint-Antoine, 75011 Paris.
Tél. : 01 44 73 80 00 Fax : 01 44 73 00 12.

LONDRES
EN MOUVEMENT

Texte de Yann Perreau

Photographies de Kevin Biderman

Postface de Stephen Frears

La plaque d'inauguration du Coin Street Movement, sur les berges.

LONDRES
EN MOUVEMENT

Bords de la Tamise.

BY ORDER
NATIONAL HIGHWAYS AGENCY
THIS WALL IS A DESIGNATE
GRAFFITI ARE
PLEASE TAKE YOUR LITTER HOM

LONDRES

ollo Theatre, à Soho.

Trellick Tower dans le quartier de Golborne

ed light district, Soho.

LONDRES

LONDON CALLING TO THE FARAWAY TOWNS

NOW THAT WAR IS DECLARED – AND BATTLE COME DOWN

LONDON CALLING TO THE UNDERWORLD

COME OUT OF THE CUPBOARD, ALL YOU BOYS AND GIRLS.

Joe Strummer, The Clash, *London Calling*.

INTRODUCTION

MÉGAPOLIS

MÉGAPOLIS

Un rituel à Londres, quand la ville devient trop pesante, consiste à prendre un café au dernier étage de la Tate Modern. L'ancienne usine, transformée en l'un des plus grands musées du monde, offre un panorama unique. Située sur les berges sud de la Tamise, la Tate fait face à la cathédrale Saint-Paul (le pont Millenium Bridge), regarde vers le nord les grandes tours de la City, vers l'est le nouveau quartier des affaires, Canary Wharf. Si l'on se penche un peu, on aperçoit aussi vers l'ouest des édifices assez monumentaux qui s'alignent sur le bord du fleuve : la Oxo Tower, le National Theatre, South Bank, Big Ben enfin, au bout du paysage. Cette vue procure un sentiment doux et rassurant au Londonien, comme si l'on parvenait enfin, illusion rarissime, à réunir ces milliers d'éléments disparates qui constituent sa ville et lui valent son célèbre adage : « Londres n'est pas une ville, c'est une nation. »

Nation ou pas, cette ville est sans queue ni tête. Peter Ackroyd[1], qui lui a récemment consacré une monumentale « biographie », dit que la ville est à proprement parler inimaginable, impossible à comprendre comme un tout. « Sans l'arrivée des taxis, sous peu, le dédale de la grande ville deviendrait si vaste et incompréhensible que toute la population s'y perdrait à jamais », prédisait déjà H. G. Wells. Univers en continuelle expansion, Londres échappe à l'entendement. Une entité presque impénétrable, un « ça » monstrueux, dont l'histoire est faite de soubresauts incohérents. D'où l'idée d'une biographie. Ackroyd rappelle que la ville a souvent été considérée comme un corps[2], certes gigantesque et complexe, mais qu'on peut ausculter. Ainsi, Daniel Defoe décrivit la ville comme une erreur de la nature, un « géant enflé et hydropique, qui tue plus qu'il n'engraisse. La tête est hypertrophiée, disproportionnée par rapport aux membres ; le visage et les mains sont monstrueux, irréguliers, déformés ». Ce qui saute aux yeux : Londres n'est pas une « belle » ville, même si certains lui prêtent un certain charme.

1. Peter Ackroyd, *Londres, la biographie*, Paris, Stock, 2003.
2. D'où, pour Peter Ackroyd, l'idée d'écrire une biographie, comme s'il s'agissait d'un personnage. Et, pour nous, la conviction que la spécificité de cette ville est à chercher du côté de ses habitants bien plus que de ses richesses, de ses faits historiques ou de ses chiffres.

Georges Perec commence ses *Promenades dans Londres*[3] par cette phrase : « La première fois que je vis Londres, je la trouvai franchement laide[4]. » Et, de même qu'Aragon va tomber amoureux de Bérénice, Perec va se laisser séduire par Londres, dont il compare le charme à « ces mélanges de thé que les "connoisseurs" se concoctent à partir des innombrables variétés alignées dans leurs grosses boîtes carrées sur les comptoirs de Fortnum & Mason ; il ne vient ni de ses monuments, qui n'ont rien de vraiment remarquable, ni de ses perspectives, généralement médiocres, mais de tout le reste, des rues, des maisons, des magazines, des gens (...) ». Brutale, vorace, elle « mangerait même ses enfants », explique Walter Besant dans *East London* : les grandes familles londoniennes s'éteignent ou disparaissent en l'espace d'un siècle. Bref, Londres broie, épuise, tue à la tâche. Et en redemande toujours plus.

Face au passéisme et à l'immobilisme qu'on rattache parfois aux « villes-musées » européennes, Londres a toujours été citée en exemple, considérée comme un symbole de dynamisme, de rapidité, d'avenir. « Les Anglais marchent fort vite, notait déjà il y a deux siècles Pierre-Jean Grosley dans *Londres*. Constamment, ils fusent de l'avant, et bousculent avec une force proportionnée à la masse et à la vélocité de leur mouvement. » Les grandes avenues d'Oxford Street ou de Piccadilly fascinèrent les voyageurs du XIXe siècle, comme Arthur Rimbaud, qui aurait eu l'inspiration originelle de ses *Illuminations* depuis le haut de King's Cross. Le poète en exil lui dédia son élégie, *Ville*, dont les quelques vers saisissent brillamment l'essence même de Londres :

> « Ici vous ne signaleriez les traces d'aucun monument
> de superstition
> La morale et la langue sont réduites à leur plus simple
> expression, enfin !
> Ces millions de gens qui n'ont pas besoin de se connaître
> amènent si
> Pareillement l'éducation, le métier et la vieillesse [...].
>
> Aussi comme, de ma fenêtre, je vois
> Des spectres nouveaux roulant à travers l'épaisse
> Et éternelle fumée de charbon, – notre ombre des bois,
> Notre nuit d'été ! – des Erinnyes nouvelles, devant
> Mon cottage qui est ma patrie et tout mon cœur. »

---

3. Georges Perec, *L'Infra-ordinaire*, Paris, Le Seuil, 1989.
4. Écho à la première ligne du roman *Aurélien* d'Aragon : « La première fois qu'Aurélien rencontra Bérénice, il la trouva franchement laide. »

Ville ouverte et tolérante, ville dont les habitants ont tendance à s'ignorer, dans une sorte d'individualisme bienveillant, ville industrielle, mais ville « superbe ». Moderne autant que fantastique, elle recèlerait des personnages de légendes et serait au bout du compte « cœur et patrie ». Une véritable métamorphose s'opère d'ailleurs à l'époque de Rimbaud, avec la révolution industrielle – moment de rupture radicale dans l'histoire de la ville, qui en modifia irréversiblement l'aspect. Ce sont ces grandes heures de l'histoire d'Angleterre où la reine Victoria, triomphante sur les mers, transforme Londres, cité encore assez archaïque de *boroughs*[5], en une grande ville, symbole de la modernité urbaine.

La ville n'a cessé depuis de croître, même s'il a manqué (ou a été épargné !) à Londres un baron Haussmann pour tracer ses boulevards et donner une homogénéité à son développement. Poussée par les première et seconde révolutions industrielles, Londres s'étendit par à-coups, d'abord par le nord (Islington et St John's Wood) puis par l'ouest (Paddington, Bayswater, South Kensington, Lambeth), enfin par l'est (Clekenwell, Peckham). À la fin du XIXe siècle, elle est la plus grande ville du monde, « le résumé et l'apogée de toutes les villes impériales du passé : Babylone, Troie, Rome[6] ».

Le mythe des origines de Londres prend d'ailleurs sa source dans la Rome antique. Selon *The History of Britain* de Milton, la ville serait apparue à Brutus en rêve, quelques années après la chute de Troie[7]. Diane lui aurait montré une cité sur une île, au loin, vers l'ouest : « Fais voile vers cette île, Brutus, et fonde là-bas une cité qui sera une nouvelle Troie ! » lui aurait dit la déesse chasseresse. « Et des rois naîtront dans ta lignée, dont le pouvoir redouté frappera de terreur le monde et conquerra des nations orgueilleuses. » Londres fonderait ainsi un empire, mais, à l'image de la Troie antique, serait ravagée par de terribles incendies. À l'instar de ces cités antiques, les Londoniens ont toujours craint que leur capitale impériale, à son tour, puisse tomber en ruine. Le thème se retrouve aussi chez Gustave Doré, qui, s'inspirant des représentations antiques de la chute de l'Empire romain, dépeint Londres au XIXe siècle dans une vision apocalyptique. Une figure contemplative, enveloppée d'une cape, est assise sur un rocher au bord de la Tamise. Elle contemple le spectacle tragique d'une cité en ruine : berges désertées par une foule paniquée, dôme de Saint-Paul effondré, bâtiments réduits à

5. *Borough* : quartier.
6. Ackroyd, *op.cit.*
7. Une légende court selon laquelle Brutus se serait effectivement rendu sur l'île. Voir à ce sujet Ackroyd, *op. cit.*

des tas de pierres... Le film de Danny Boyle *28 Days Later* reprit ce thème, dans une scène d'anthologie où le héros traverse la ville complètement déserte, après une épidémie à laquelle il a miraculeusement échappé.

De fait, comme l'avait prédit la prophétie, la ville fut au cours de son histoire fréquemment détruite par les flammes, son éternel fléau, depuis le terrible incendie de 1666 qui ravagea plus de la moitié de la ville jusqu'aux bombardements de 1939-1945, qui la défigurèrent définitivement. Puis vint celle qui fut, de l'avis d'un grand nombre, son nouveau fléau : Margaret Thatcher. La « Dame de fer » fut souvent associée à une décennie unique dans l'histoire de la ville : les années 1980. Si sa politique de dérégulation a permis de dynamiser la City, Thatcher a également ravagé le tissu urbain, accentuant les écarts entre riches et pauvres, démantelant le seul organisme d'intérêt public de la ville (le Great London Council), transformant au final Londres en une mégalopolis impersonnelle et inégalitaire. « Après 1979, Londres a définitivement cessé d'être une ville qui ait foi en aucune forme d'action collective », explique pour sa part le cinéaste Patrick Keiller. Et l'écrivain Iain Sinclair de renchérir en affirmant que « rien, strictement rien, ne s'est amélioré depuis Thatcher ». Chiffre à faire froid dans le dos, un enfant londonien sur deux vit en dessous du seuil européen de pauvreté, et l'on est toujours, à certains endroits de la ville, dans des univers dignes de Charles Dickens.

Londres n'est donc pas – c'est peu dire – le symbole de l'harmonie sociale. Le dernier roman de J. G. Ballard, *Millenium People*[8], traite subtilement de ce thème. Dans un futur proche, il met en scène une révolte violente qui enflamme la ville, conduite par quelques éléments frustrés de la classe moyenne. « Pour des raisons que personne ne comprenait, les habitants de la marina de Chelsea avaient entrepris de démanteler leur monde bourgeois, explique le narrateur. Ils allumaient des bûchers de livres et de tableaux, de jouets éducatifs et de cassettes vidéo. Les journaux télévisés montraient des familles bras dessus, bras dessous, entourées de voitures retournées, le visage fièrement illuminé par les flammes... » Pour Ballard, cette révolution pourrait bien, un jour, avoir lieu. Le fossé social s'étant creusé de manière drastique entre riches et pauvres, l'auteur affirme (non sans provocation) que la classe moyenne anglaise est en train de se prolétariser, victime à son tour de ce dont dut pâtir la classe ouvrière autrefois.

Inégalités flagrantes, société à deux vitesses, malaise profond... Le futur dystopique que décrit Ballard n'est de fait pas si loin du présent. Comme tout bon auteur de science-fiction, il ne se place dans un avenir

---

8. J. G. Ballard, *Millenium People*, Paris, Denoël, 2004.

indéfini que pour mieux critiquer le monde contemporain, dans une tradition british qui remonte à loin, de *1984* au *Meilleur des mondes*. Critique sociale acerbe, *Millenium People* vise juste, comme d'habitude avec Ballard, touchant la société anglaise là où ça fait mal. Le livre provoqua une petite polémique lors de sa parution, révélant les blessures inavouées d'une société de plus en plus inégalitaire. Au cours d'une de ses excursions dans la ville, le narrateur remarque : « Un autocar scolaire passa devant la fenêtre, plein de petites filles en chapeaux de feutre et blazers pourpres, uniforme d'une école primaire privée et chic dont les frais de scolarité permettraient de financer l'éducation de tout un bantoustan de l'East End. »

« Ce qui est intéressant, c'est qu'ils protestent contre eux-mêmes, dit plus loin le héros à sa femme des révoltés de la marina de Chelsea. Il n'y a pas d'ennemi extérieur. Ils savent qu'ils sont eux-mêmes l'ennemi. » Pour Ballard, le Londonien du XXIe siècle se sait piégé. Hier encore promis à un avenir doré aux possibilités infinies, il se voit aujourd'hui destiné à demeurer dans son ghetto culturel. Toute la force provocatrice de l'écrivain est là : contrairement aux chantres du multiculturalisme, qui font de la ville anglaise l'exemple même d'une mixité sociale, ethnique et culturelle exceptionnelle, il affirme quant à lui que de nouvelles barrières sont en train de s'ériger, insidieusement, qui séparent Londres en zones distinctes, sans commune mesure. « Vers où se tourner dans cette ville ? », se demande au milieu du roman le héros David, désemparé. Entre la marina bobo de Chelsea (« lesbiennes, héroïne, mecs délirants jouant les stars de rock »), Fulham (« éthique protestante du travail à fond la caisse, cadres moyens, comptables, fonctionnaires ») ou Hampstead (« socialisme vieux jeu, Freud et la psychanalyse »), il se désole de retomber à chaque fois dans des carcans socioculturels. Et encore, on reste dans le « White London », à des années-lumière des quartiers black (Brixton), pakistanais (Brick Lane), arabe (Highgate).

Et puis il y a quelque chose d'autre, de plus profond, dans la prophétie ballardienne du Londres de demain. « Regardez autour de vous, David. Que voyez-vous ? », interroge à un moment crucial de l'intrigue le leader de la rébellion, Dexter. « Un immense parc à thème où tout est transformé en spectacle. La science, la politique, l'éducation – autant d'attractions. Le plus triste, c'est que les gens sont ravis d'acheter leurs billets pour grimper à bord. » L'écrivain décrit la transformation, presque inéluctable selon lui, de la ville en une sorte de gigantesque Disneyland, univers kitch de pacotille, « Zéropolis, l'horizon de notre univers urbain », pour reprendre le mot de Bruce Bégout[9]. Ainsi les révoltés s'en prennent-ils à des cibles précises : « La Tate,

9. Bruce Bégout, *Zéropolis : l'expérience de Las Vegas*, Paris, Allia, 2002.

l'Académie royale, le Hayward qui sont, comme le dit Dexter, du Walt Disney pour les classes moyennes, qui leur pourrit le cerveau.» Telle est l'«hypermodernité urbaine» dont parle Marc Augé : un spectacle irréel, un décor de film, entre rêve et cauchemar[10]. Or, s'il est une ville hypermoderne par excellence, c'est bien Londres, tant la transformation de lieux autrefois symboliques en des «non-lieux», comme les appelle Augé, y est patente. Ces non-lieux obsèdent Ballard, le chantre des interzones louches qu'il explore sans cesse dans ses romans. «S'ils le peuvent, ils choisissent des zones sans signification», dit Dexter dans le livre de ses compatriotes. «Aéroports, centres commerciaux, autoroutes, parcs de stationnement. Ils veulent fuir la réalité.» Car, justement, leur réalité n'a plus rien de *réel*, à l'image du film *The Truman Show*, dans lequel Jim Carey réalise un jour qu'il vit depuis son enfance dans un gigantesque programme de télé réalité, et que chacun de ses gestes quotidiens a été suivi par des centaines de milliers de téléspectateurs. Les Londoniens ont parfois envie de fuir cette impression de vivre dans un décor de carton-pâte, dans une sorte de Gotham City. Trop d'attractions touristiques, trop d'affiches de dix mètres de haut sur les murs, trop de caméras de surveillance. Ils vont alors «se ressourcer», à Brighton, Oxford, Cambridge – ou plus loin.

Fuir. Disparaître. Contrôler. Tels furent les thèmes récurrents du Londres de l'après-11-Septembre, rappelle le critique Chris Darke dans son essai *Lettre de Londres*[11]. La notion de danger imminent avait développé un climat de paranoïa qui eut des conséquences directes sur la vie quotidienne des Londoniens. Non seulement en matière de politique intérieure, dans la façon dont sont considérées certaines minorités ethniques, mais surtout en termes de surveillance. L'Angleterre est le pays le plus surveillé au monde, avec son artillerie de caméras de surveillance («CCTV») qui envahissent l'espace public. Ainsi de la circulation, avec la récente décision du maire Ken Livingstone de faire payer aux deux-roues ou quatre-roues une «*congestion charge fee*», censée dissuader les Londoniens de prendre leur voiture. «Ce projet est facilité par l'usage de systèmes de caméras de surveillance CCTV capables de lire 90 % des plaques de voiture», précise Darke, qui s'inquiète : «Au nom de préoccupations environnementales, et dans un climat de peur, Londres est en train de devenir la ville "panopticon" dont avait rêvé Jeremy Bentham au XVIIe siècle».

Mais laissons de côté l'histoire, le passé et l'avenir, et revenons un instant à la géographie, aux cartes, qui disent beaucoup de choses. À

---

10. Dans son livre *L'Impossible Voyage*, Paris, Payot/Rivages, Marc Augé imagine une ville du futur (Paris en 2040), entièrement rachetée par la compagnie américaine Disney.
11. Chris Darke, *Trafic*, n° 45, Paris, poL.

quoi ressemble la ville, si on la projette dans l'espace ? Difficile, déjà, de trouver une carte assez grande pour la contenir. L'outil de base en la matière à Londres est ce qui s'appelle le «*A to Z*», un abécédaire des rues, disponible en une dizaine de tailles et plus ou moins détaillé. À l'image de ce guide, précieux mais déroutant, Londres est un espace difficile à cartographier, et difficile à lire – dédale infini de rues, d'histoires, d'univers parallèles. « Même si Londres n'est plus depuis longtemps la plus grande métropole du monde, elle reste encore le symbole même de ce qu'est une ville : quelque chose de tentaculaire et de perpétuellement inachevé, un mélange d'ordre et d'anarchie, un gigantesque microcosme où est venu s'agglomérer tout ce que les hommes ont produit au cours des siècles[12]. » Perec remarque aussi qu'un simple fait de langage rend compte de cela : « Là où les Français n'ont guère plus de sept mots pour désigner ce que d'un terme générique on appelle une rue, rappelle-t-il (rue, avenue, boulevard, place, cours, impasse, venelle), les Anglais en ont au moins vingt (*street*, *avenue*, *place*, *road*, *crescent*, *row*, *lane*, *mews*, *gardens*, *terrace*, *yard*, *square*, *circus*, *grove*, *greens*, *houses*, *gate*, *ground*, *way*, *drive*, *walk*, etc.[13]). »

« On ne peut qu'accepter de s'y perdre, estime Ackroyd. Ses impasses et venelles serpentent entre les artères passantes, dédale dans lequel s'égare même le Londonien le plus aguerri, qui s'étonne toujours de voir sa ville en constante mutation, en continuelle expansion. » S'y perdre certes, mais s'ouvrir ainsi à des rencontres inattendues. C'est en tout cas ce que l'on a tenté de faire dans ce livre : jouer le jeu de la ville. On s'est volontairement perdus dans ce labyrinthe, oubliant son fil d'Ariane à l'entrée, pour mieux découvrir des lieux et des gens surprenants – un jardinier-philosophe ici, un artiste-graffeur là, un pacifiste squattant une pelouse ailleurs... On a parfois évolué dans une sorte de dérive, cette technique préconisée par Guy Debord pour explorer les villes. Se laisser porter par le flot urbain, comme un bateau à la dérive, afin d'accoster sur des rivages inconnus.

Au final, ce livre peut se lire comme une sorte de jeu de piste cherchant à résoudre certaines des énigmes que pose cette ville, à commencer par la première : comment fonctionne-t-elle ? On a tenté de les résoudre à travers des rencontres de ses habitants (qui nous ont donné certains éléments clés ou autres pièces à conviction) et en déjouant les pièges que tendent tous les clichés sur le «*typically british*» qui font ruer dans les brancards. Ainsi, si on peut le lire comme un récit de voyage, ou d'aventure, dans une progression narrative qui va de la première à la dernière page, on pourra également s'amuser à glaner ici

12. *Op. cit.*
13. *Op. cit.*

et là des éléments particuliers – autant de pièces permettant de reconstruire le puzzle de la ville.

Notre « principe de navigation » dans cette exploration fut simple : aller du centre vers la périphérie, du plus évident au plus complexe. Nous avons pour cela progressé par cercles concentriques, de plus en plus larges. Avec, comme seuls outils, des recommandations, un minidisc et un appareil photo. Dans un premier cercle d'exploration (qui correspond aux zones 1 et 2 du métro londonien), nous avons d'abord rencontré quelques-uns de ceux qui bâtissent le futur et font de Londres une *world-city* (une « ville-monde »), que ce soit au niveau municipal ou au niveau local. Dans ses interstices, on a découvert, suivi et parfois même pisté ces artistes en vadrouille, « *artivists* » qui créent aussi la ville, à leur façon, dans les endroits les plus inattendus. En marge de la City, on a ensuite découvert ce dont parle Ballard : la déréliction dans laquelle est en train de tomber la ville, dans les zones 3, 4 ou 5 du Grand Londres.

« *London is no more* », nous a expliqué l'écrivain Iain Sinclair, qui a vu Hackney, son « territoire », se métamorphoser en moins d'une décennie et perdre d'une certaine façon son âme. Plus de repères historiques, plus de mémoire des lieux : la ville, dans son ensemble, souffre d'amnésie. London Fields, King's Cross, Brick Lane, des quartiers entiers en témoignent, qui pourraient tomber en désuétude ou être défigurés s'il n'y avait des individus pour s'y opposer. Écrivains, géographes, historiens ou artistes, on a rencontré des hommes et des femmes impliqués dans un combat sans fin : préserver la mémoire en fuite de la ville. Et d'autres, militants, engagés directement dans des actions – caritatives, associatives, sociales ou politiques.

Enfin, comme l'Alice de Lewis Carroll, on a voulu aller de l'autre côté du miroir, voir notre sujet d'un point de vue différent. Tout un autre univers – communautaire, anonyme, parfois « underground » – existe en effet en parallèle, et comme en miroir du Londres habituel. Punks, psycho-géographes, dandys oisifs, anarchistes de tout genre ou musiciens d'avant-garde... Sans tomber dans les stéréotypes sur l'« excentrique anglais », il est indéniable que la ville regorge toujours de ces personnages, sans lesquels elle ne serait pas ce qu'elle est. Ce sont ces héros de la contre-culture qui ont donné à la ville ses lettres de noblesse de capitale européenne de la culture populaire, dès le « Swinging London » des années 1960. Sans oublier les minorités ethniques, éléments fondamentaux, qui évoluent soit en relative osmose, soit dans une ignorance ou indifférence réciproque. Très différent du modèle d'intégration républicain à la Française, le multiculturalisme anglo-saxon prône en effet la cohabitation en bonne entente des différences, accordant à la communauté une importance aussi grande qu'à la nation. Et Londres demeure une terre d'accueil privilégiée en Europe, un véritable mythe, l'eldorado de tous ceux qui, par curiosité ou nécessité, ont quitté leurs pays pour cette ville.

Les portraits d'Esther Leslie, Tariq Ali, Tom Hopkinson, Banksy sont des versions différentes d'articles publiés, pour les deux premiers dans Libération, et pour les deux autres respectivement dans Blast et Beaux-Arts Magazine.
L'auteur tient à remercier ces publications de lui avoir donné l'autorisation de reproduire ces textes...
Merci également à Baptiste Lanaspèze (pour son soutien et sa patience).
Et à Emmanuel Perreau (a biiig cheeeeeers), Laurent, Réré, Lydie et Dominique Perreau, Bob Biderman, Hervé Ferrage, Chloé Pathé, Anne-Sophie Dinant, Minnie Weisz, Chris Darke, Philippe Fouchard, Jérôme Hervé, Pierre Coinde, Marc Hatzfeld, Julien Planté, John Howe, Robert Maggiori, Claire Devarrieux et Heinz Wizmann.
And Kev, the Pushkin scandalous mate forever, qui m'a donné les yeux pour voir cette ville, et qui est coauteur de ce livre, autant dans sa conception que dans sa réalisation.
Le photographe aimerait remercier toute l'équipe de Potosi, de Goldenshot digital, Kamy, et ses parents Joy Magezis et Bob Biderman ainsi que Barry, Gabriel, Fannie Biderman, et Sarah Castelblanco sans lesquels je n'aurais jamais fait ce que je fais aujourd'hui.

ICI, TELLEMENT DE GENS SE LANCENT,

EXPÉRIMENTENT,

PRENNENT DES RISQUES.

JE CROIS QUE C'EST ASSEZ INOUÏ.

SÉQUENCE 1

BÂTISSEURS DU FUTUR

MATTHEW
DEARLOVE
ARCHITECTE

MARK
JONES
DIRECTEUR DE MUSÉE

ISABELLE ET JEAN-CONRAD
LEMAÎTRE
COLLECTIONNEURS

KNUT
AUFERMANN
MANAGER DE RESONANCE FM

QUAND ON S'AVENTURE DANS SES MARGES,

LA "VILLE LUMIÈRE"

RÉVÈLE DES ZONES D'OMBRE,

DES LIEUX EN ÉTAT

DE COMPLÈTE DÉRÉLICTION.

Matthew Dearlove
Architecte

LA FABRIQUE DE LA VILLE

De Matt Dearlove, on peut dire qu'il est un parfait exemple de Londonien : décontraction, ouverture d'esprit, absence totale de préjugés. Rencontré un après-midi d'août dans l'est de Londres, il aime s'arrêter en chemin pour nous faire découvrir un pub ou nous donner des adresses de magasins de fringues. Et évoque évidemment son équipe de foot. Aux premiers mots qu'il prononce, on constate qu'il a – comme beaucoup de Londoniens – cette envie de collaborer, de lancer des projets. « Vous avez un projet autour des villes ? Ça pourrait se greffer à mon Research Project », nous propose-t-il d'emblée.

Sous une apparence anodine (jeans, street wear) et malgré son jeune âge (vingt-six ans à peine), Dearlove fait déjà partie de ceux qui dessinent ce que sera cette ville demain. Son approche ? Injecter une dimension nouvelle dans l'architecture, celle du récit (*narratives*) : « Mon travail consiste à introduire du récit dans la fabrique de la ville. Non pas seulement de l'Histoire, mais aussi et surtout des histoires, celles de tous les jours, de la rue, que je glane à travers mes rencontres, mes balades. » La vie professionnelle d'un tel, la relation à l'espace d'un autre, les excursions nocturnes d'un troisième... Autant de témoignages qui serviront à l'architecte de matériaux de construction sur lesquels il bâtira son projet architectural.

Dearlove nous a donné rendez-vous au Barbican Center, cet immense complexe de buildings près de la City, sorte de Legoland assez monstrueux, bâti après 1945 pour devenir le nouveau centre d'un quartier détruit par la guerre. Il fit partie d'une équipe chargée de créer un espace qui puisse renforcer le lien social entre les habitants. Au milieu de cette jungle d'asphalte et de béton, il choisit de dessiner un petit plan d'eau, avec nénuphars et plantes aquatiques, qui redonne un peu de vie à l'endroit. Cherchant à « dépasser l'approche fonctionnaliste, très Bauhaus, de cette architecture », il rappelle comment chaque élément d'un « paysage urbain » (*cityscape*) ne peut se comprendre qu'*in situ* – dans un contexte historique, social et culturel précis. « Observez, par exemple cette vieille femme [une sexagénaire s'est assise à côté de nous]. On peut imaginer sa vie : elle habite probablement au trentième étage d'une de ces tours et aime s'asseoir sur cette balustrade, avec son journal et son café, le matin après ses courses. On pourrait créer pour elle un petit siège, cinq centimètres plus bas que les autres bancs, afin qu'elle puisse s'asseoir, vu qu'elle est si petite, et qu'elle a sûrement mal au dos. Et peut-être un jour, quelqu'un viendra s'asseoir à côté d'elle, et ils pourront parler. On peut ainsi créer des moments d'échange, de rencontre. »

Il nous parle parfois en anglais, parfois en français, qu'il maîtrise admirablement. Enfant, il a parcouru l'Europe avec son père, agent secret au service de sa Majesté (« presque comme dans *James Bond* »). Revenu en Angleterre à sa majorité, il va au Royal College of Art de Londres où il étudie – outre l'architecture – la sociologie, l'histoire de l'art, la littérature. Il lit alors beaucoup, écrit son mémoire de thèse sur le film *La Haine* de Mathieu Kassovitz et son implication dans l'environnement urbain. « J'ai essayé d'utiliser ce film comme une sorte de détournement, dans le sens que les situationnistes donnent à ce mot », explique l'architecte, qui réactive ainsi la technique proposée dans les années 1960 par Guy Debord. Il s'agit pour lui de voir « dans quelle mesure les trois garçons, dans le film, se réapproprient des éléments de leur environnement dans un tout autre sens que celui pour lequel ils avaient été créés. »

Pour cette recherche, il part en France rencontrer Kassovitz, qui lui indique les lieux où le film a été tourné. Débarquant donc en banlieue parisienne (la cité de la Noé), il ne planifie pas son enquête et se laisse guider par son intuition, au hasard des rencontres, dans des sortes de dérives. « Ces dérives me permettent de glaner mes histoires, de rencontrer des gens inattendus. Ainsi, dans le cadre d'un projet de régénération urbaine dans le quartier de Somerstown, je me suis beaucoup servi du témoignage d'une prostituée. L'ayant d'abord suivie incognito, je me décidai un soir à lui parler, pour lui expliquer mon travail. Elle me confia qu'elle ne se tournait pas vers la police, pour sa sécurité, mais vers d'autres personnes, "invisibles". Ainsi, si elle utilise le coin d'un parking pour emmener des clients, elle sait qu'il y a le nettoyeur de la gare de King's Cross, qui y fume une cigarette. Il sait que quelque chose ne va pas si elle ne revient pas. Enfin, elle me dit que, dans certains lieux, la présence d'une lumière la rassurerait. Je proposai donc à mes employeurs d'améliorer l'éclairage, dans des endroits précis qu'elle m'indiqua. »

Ayant obtenu son doctorat, il est accepté en 2003 comme chercheur au « Helen Hamlyn Research Associates Programme » du Royal College of Art, qui invite des diplômés de l'école, pendant une année, à réaliser leur premier projet en partenariat avec l'université. La lumière continue à l'intéresser, et il bâtit son nouveau projet sur « le rôle narratif de la lumière dans la régénération urbaine ». Il fait son enquête de terrain dans la City, le quartier bancaire de Londres, qui a la particularité de rester éclairée vingt-quatre heures sur vingt-quatre. « Quand on s'aventure dans ses marges, la City (la "Ville Lumière") révèle des zones d'ombre, des lieux en état de complète déréliction. Le quartier de Tower Hamlets, par exemple, reflète les inégalités qui demeurent entre deux conditions urbaines. Dans ce contexte, qui est commun à plusieurs villes, comment les éclairages de rue peuvent-ils jouer un rôle dans les espaces publics les plus négligés ?

Il réussit pour cette enquête à réunir un budget de 200 000 livres sterling, grâce au soutien d'un sponsor approprié, Targetti, compagnie de réverbères, et de la mairie du quartier. « Les gens du Council s'interrogeaient depuis longtemps sur les problèmes liés à l'insécurité. Jusqu'à présent, ils se contentaient de glisser un questionnaire sous la porte des résidants, avec lesquels ils n'avaient presque aucun contact personnel. Ils furent donc très intéressés par mon travail, y voyant une occasion d'avoir une vue *in vivo* de la réalité des habitants de Tower Hamlets. »

Commençant, selon sa méthode, par glaner informations, histoires et anecdotes du quartier, Dearlove s'inspire également pour ce projet d'autres histoires, celles – fictives – des livres de Iain Sinclair, les romans *Liquid City et Lud Heat*[1]. « Sinclair connaît admirablement le quartier, sa psychogéographie. Il est aussi fasciné par le rôle magique de la lumière dans ce quartier sombre. L'ayant arpenté de long en large, il distingue deux mondes, deux "zones psychiques" qui coexisteraient, selon lui, à Tower Hamlets. L'une délimitée par trois églises (St Anne's Limehouse, St George-in-the East, Christchurch Spitalfields), toutes construites par l'architecte Hawksmoor, hantée par les fantômes du passé. L'autre par trois grandes places modernes (Arnold Circus, Finsbury Circus, Broadgate Circus) définissant un espace plus rationnel. J'ai pensé qu'il y aurait quelque chose à découvrir à l'intersection de ces deux ensembles, comme un motif sous-jacent, que partageraient inconsciemment tous ses habitants. » Matt délimite, photographie, dessine, compare aux cartes existantes l'espace se trouvant à cette intersection.

Au cours d'une de ses explorations dans la grande cité, il rencontre l'association Neighbourhood Watching. « L'été, quand il fait beau, ils placent des chaises, mettent un écran dehors et regardent des films. » Ce groupe va agir pour lui comme un point de contact avec les résidants, et il met en place des ateliers de discussion après chaque film.

1. Voir son portrait, p. 102

«J'ai aussi organisé des ateliers avec des gosses, leur demandant de dessiner ce qui leur passait par la tête. L'un d'entre eux a dessiné de l'eau, un autre a fait un dessin des Alpes, alors qu'il n'avait jamais vu la montagne... J'ai pu me faire une idée de la façon dont ils concevaient leur espace – ce qui ne leur plaisait pas, mais aussi leurs rêves. En mélangeant les deux, je vais essayer de créer un environnement qui leur corresponde, dans lequel ils se sentent chez eux et qui réponde à leurs souhaits. Une piscine, par exemple, pour celui qui dessine la mer. Un mur d'escalade, pour celui qui dessine la montagne.» Cherchant ainsi à comprendre, au-delà des souhaits affichés des représentants officiels de la cité, les désirs ou rêves plus personnels de chacun, même les enfants, il rappelle l'«indispensable part de rêve et d'inconscient» qui doit être prise en compte dans tout travail architectural.

Au final, son projet propose un réaménagement de fond de l'éclairage urbain dans la cité, avec l'installation de lampadaires et de réverbères, mais surtout avec la création d'une grande cour lumineuse, au cœur de la cité. «Cette idée de cour joue sur la notion de *allotment*, que les Anglais chérissent. Il s'agit de ce petit lopin de terre que les citadins achètent, en dehors de la ville, et où ils vont le week-end pour lire leur journal ou pique-niquer. Dans la cour, je créerai des *allotments* sous forme d'espaces personnels, pour chaque habitant, auquel correspondra une couleur. Mais je dois en même temps éviter que cela ne renforce une mentalité sécuritaire ou individualiste d'utilisation de l'espace. Ma cour se veut un espace ouvert, un lieu à partager pour tous les résidants de la cité.» Un éclairage de nuit est également prévu, pour répondre au problème de l'insécurité dans la cité. Dans un quartier où les agressions sont fréquentes, l'un des risques encourus par Dearlove est en effet que sa cour soit désertée dès la tombée de la nuit. «Mais, au lieu de projeter des lumières du haut, on va le faire d'en bas, pour que chacun puisse voir son voisin. Ainsi, mon approche n'est jamais prescriptive (une lumière venue «d'en haut» serait perçue comme agressive, contrôlant et surveillant les faits et gestes de chacun), mais suggestive et ouverte, avec un éclairage partant du sol, discret.»

La cour devrait être achevée en 2006. À moins que Matt ne rencontre l'opposition d'un entrepreneur ou un changement de plan de la municipalité. Il affirme «aimer travailler dans des sites contestés, avec des partenaires». Tout en disant avoir l'ambition de créer son propre cabinet, pour s'assurer une plus grande autonomie. Celui-ci s'appellera Architecture and Environnement, clin d'œil au «*A and E*» d'Accident and Emergency, les services hospitaliers anglais. Dernier chantier en cours, Matt pourrait être impliqué dans la création de villes nouvelles autour de Londres, dans l'espace Thames Gateway. Des plans d'aménagement gigantesques, dont les détails sont pour l'instant confidentiels. On apprendra juste qu'il s'agit d'« un gros chantier, conçu à l'origine par le maire de Londres, Ken Kivingstone ». Sa mission consistera « à garder la discussion ouverte entre les autorités et les habitants, afin de donner à ces derniers un peu plus de pouvoir de décision sur leur situation ».

Le futur de Londres est en marche.

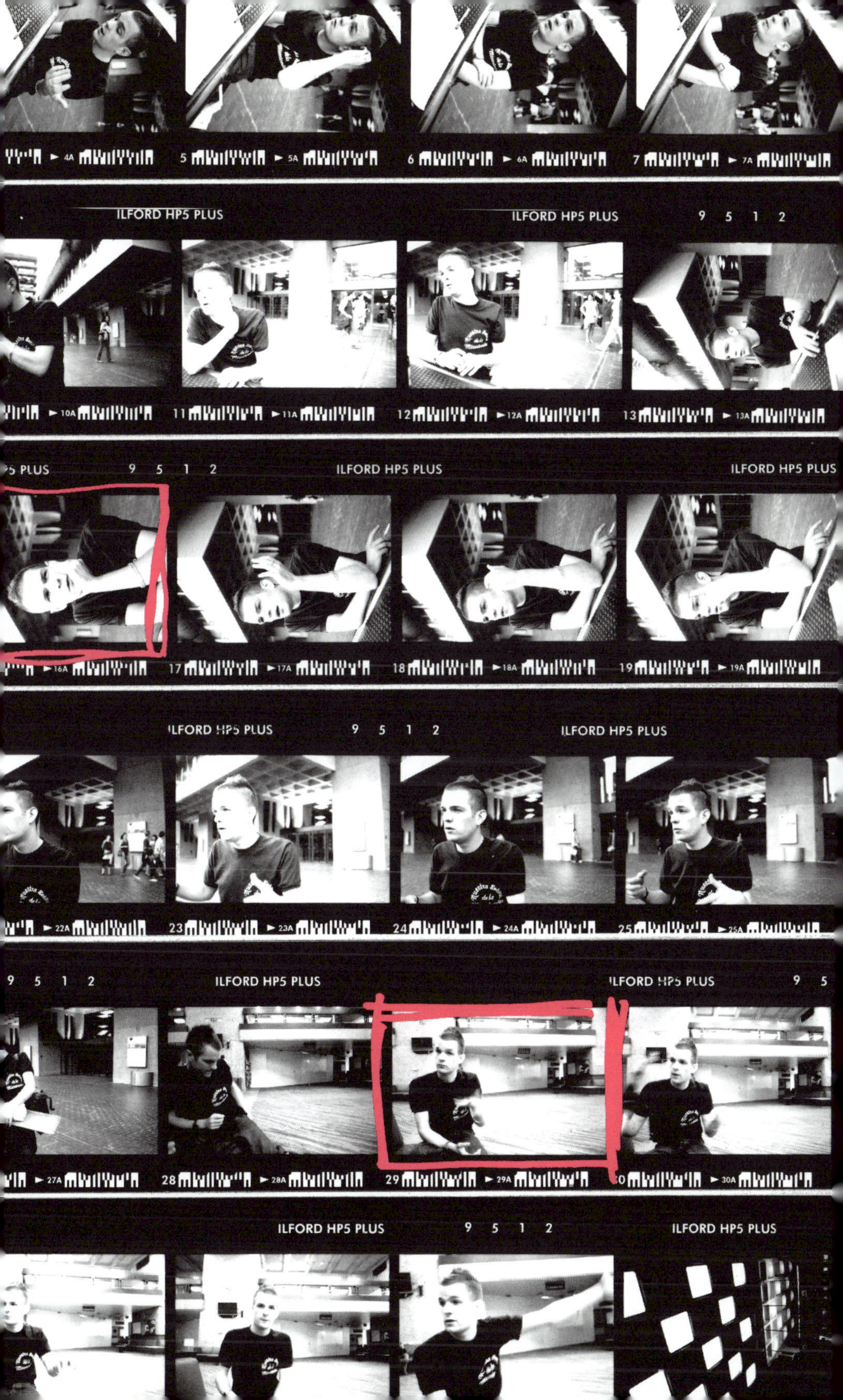
4A
5
5A
6
6A
7
7A
ILFORD HP5 PLUS
ILFORD HP5 PLUS
9 5 1 2
10A
11
11A
12
12A
13
13A
5 PLUS
9 5 1 2
ILFORD HP5 PLUS
ILFORD HP5 PLUS
16A
17
17A
18
18A
19
19A
ILFORD HP5 PLUS
9 5 1 2
ILFORD HP5 PLUS
22A
23
23A
24
24A
25
25A
9 5 1 2
ILFORD HP5 PLUS
ILFORD HP5 PLUS
9 5
27A
28
28A
29
29A
30A
ILFORD HP5 PLUS
9 5 1 2
ILFORD HP5 PLUS

LE NOMBRE DE NOS VISITEURS
A PRESQUE DOUBLÉ
DEPUIS QUE NOUS AVONS INSTAURÉ
LA GRATUITÉ.

Mark Jones
Directeur de musée

DÉSACRALISER L'ŒUVRE D'ART

Une énorme porte boisée, façon cathédrale. Un chandelier de verre[1] descendant du ciel, se précipitant vers le sol en cent tourbillons multicolores. D'antiques vitraux faisant face à de grandes plaques de néons jaunes et verts. Le Victoria and Albert Museum de Londres, plus connu sous le nom de V & A, est presque une œuvre d'art. Véritable fierté nationale (« un des musts de la scène britannique », selon Alfred Pacquement[2]), le musée fut créé après la grande exposition de 1852, choyé par la reine Victoria, enrichi par le prince Albert (d'où son nom). Il figure aujourd'hui parmi les plus importants lieux d'art au monde, référence incontestée en matière de muséologie par sa capacité à allier qualité, popularité et rentabilité. Presque trois millions de visiteurs s'empressent chaque année pour admirer les dizaines de milliers d'œuvres exposées dans les grands palais de South Kensington, l'un des quartiers les plus huppés de Londres[3].

Son directeur, Mark Jones, est un acteur essentiel de la consécration du musée, lui qui a, dès son arrivée, obtenu du gouvernement l'application de la gratuité au musée, ce qui a doublé le nombre de visiteurs du V & A. Le « style Jones » pourrait se résumer en une démarche audacieuse : remettre en question, à travers l'expérience des œuvres, certaines idées reçues au sujet de l'art en général, et des arts décoratifs en particulier. Désacraliser notamment la notion d'œuvre d'art, « vieil héritage du romantisme », en rappelant « l'origine historique, l'utilité pratique et les conditions de production des objets. Revenir à la vérité concrètes des choses ». L'homme évoque Aristote, qui, pour répondre à Socrate désignant le ciel des Idées, pointe son doigt vers le sol, invoquant la nature. Ainsi, Jones a toutes les qualités du pragmatisme anglo-saxon : un esprit clair et concret, une formation au contact des œuvres (il travaillait auparavant au département « Médailles et monnaies » du British Museum) et une érudition titanesque. Il n'hésite pas non plus – tout directeur qu'il est – à tenir des propos bien peu politiquement corrects sur les « mensonges de l'Histoire » ou l'« ineptie de certaines valeurs européennes ». Et, provocateur, expose une paire de

1. Œuvre de Dale Chihuly.
2. Directeur du Musée national d'art moderne - Centre Georges-Pompidou.
3. Le revenu moyen par habitant dans ce quartier s'élève au bas mot à 40 000 £.

chaussures de sport Nike, pour leur design parfait, à côté de vêtements de la Renaissance.

Nous avons rencontré l'homme à l'heure où il met en place une politique de transformation majeure des lieux : le V & A, qui, après la réouverture des British Galleries et la rénovation des galeries d'architecture, prépare l'ouverture de deux nouvelles grandes salles : « Europe » et « Asie ». Petit traité de muséologie à l'anglaise.

Qu'est-ce qui fait la force du Victoria and Albert Museum ?

Le fait capital au sujet du V & A est qu'il est le premier musée au monde à avoir été créé dans une perspective économique. Tous les autres musées avant lui étaient des collections privées, des accumulations d'objets intéressants, curieux ou parfois merveilleux. Le British Museum est à l'origine l'œuvre d'un antiquaire enthousiaste. Ici, au contraire, tout a commencé par une idée très simple : au XIXe siècle, si une nation se voulait compétitive sur le marché international, il lui fallait des produits dont le design soit de meilleure qualité que celui de ses concurrents. À l'époque, les Français étaient les plus doués dans ce domaine. Il fut donc décidé de fonder une école de design de qualité, un lieu où les jeunes designers anglais puissent s'inspirer des trésors du passé. C'est de là que vient ce musée, conçu d'abord comme une institution pédagogique, un lieu d'apprentissage pour artistes et designers, et comme un lieu de savoir pour un plus large public.

L'histoire du V & A semble également très liée à l'Angleterre victorienne...

Il faut en effet replacer ce projet dans son contexte historique : l'Angleterre de la reine Victoria. Le V & A fut fondé juste après la révolution de 1848, une période inquiétante pour la bourgeoisie en place. La France était dans la tourmente, l'Allemagne également. Allait-il y avoir une révolution en Grande-Bretagne ? Probablement pas car, comme vous le savez, nous n'avons jamais été très friands de révolutions par ici ! Mais le pays avait besoin d'institutions publiques qui puissent donner à tout un chacun la possibilité de prendre activement part à la société. Les grands palais du V & A jouèrent ce rôle, en tant que véritable lieu du peuple. Ni collection aristocratique ni collection antiquaire, ce fut le premier musée national anglais – créé par l'État. Il est ensuite devenu une référence, et même un modèle au XXe siècle pour de nombreux musées aux États-Unis, en Allemagne ou dans d'autres pays d'Europe. Il fut par exemple le premier à offrir un programme sérieux d'éducation pour les amateurs d'art et à instaurer le principe des « nocturnes » – ouverture du musée après 19 heures –, événement révolutionnaire à l'époque où la majorité des Londoniens, travaillant du matin au soir chaque jour, n'avaient jamais l'occasion de visiter un musée.

Quelles sont les bases philosophiques du V & A ?

L'humanisme éclairé des Lumières fut, dans la muséologie anglaise, l'idée dominante du XVIIIe siècle, presque un principe directeur pour le British Museum, comme pour beaucoup d'autres musées de cette époque. L'idée était celle d'une sorte de « grand tout du savoir » dans lequel l'art pouvait aider à la compréhension de valeurs morales. Philosophiquement, le V & A tient pour sa part d'une tradition tout autre : la tradition utilitariste, selon laquelle la morale autant que l'éthique doivent être informées par une connaissance sensible de ce à quoi servent les choses. C'est une approche totalement différente, très pragmatique, et non une grande conception intellectuelle du monde. Cela dit, il ne s'agissait pas pour autant de se limiter aux seuls designers ou visiteurs anglais. Le prince Albert – le grand homme à l'origine de ce musée – le conçut comme une institution qui devait s'adresser au monde entier. Et le musée a ainsi su se placer en tête des grands lieux pour l'art de la planète.

D'ailleurs, l'avenir du V & A verra l'apparition de nouvelles salles « Asie » et « Europe », parmi d'autres grands projets. Pouvez-vous nous en dire plus ?

Nous prévoyons de transformer le musée dans son ensemble, dans les dix années à venir. Et l'un de nos projets phares est la création de deux nouvelles galeries, l'espace « Asie » et l'espace « Europe ». Pour l'espace « Asie », le V & A détient une importante collection d'art d'Extrême-Orient – grâce aux idées progressistes de certains théoriciens des arts décoratifs, comme Sir Edward Burne Jones, qui, dès le milieu du XIXe siècle, critiquèrent les approches européennes et revendiquèrent l'excellence des œuvres venant du monde islamique et d'Inde. Avec l'aide d'un donateur privé, nous allons donc pouvoir accrocher de nouveau ces œuvres uniques.

Pour l'espace « Europe », au-delà d'un nouvel accrochage, nous voulons interroger certaines idées reçues qui persistent en Europe depuis plus d'un siècle. Nous restons, en Occident, influencés par certaines notions issues des Lumières que j'évoquais tout à l'heure. En particulier la notion de « progrès », idée eurocentriste selon laquelle un « progrès linéaire » dicterait des « règles historiques » pour aboutir – « apogée et aboutissement de l'Histoire » – à l'Europe des Lumières « rayonnante sur le monde ». Cette conception est toujours assez influente, et il est extraordinaire de constater à quel point le Moyen Âge est encore souvent considéré comme une période d'obscurité et de barbarie. Il en va de même de la thèse selon laquelle le Moyen Âge aurait été ignorant de l'Antiquité, qui n'aurait été redécouverte qu'à la Renaissance. C'est méconnaître profondément l'Histoire. Il faut donc sans cesse réapprendre, et le contact avec les œuvres peut nous y aider. Réévaluer, par exemple, les relations Nord-Sud en Europe au regard de l'art byzantin du Moyen Âge.

Le potier Grayson Perry a créé la surprise en Angleterre en remportant le prix d'art contemporain Turner Prize en 2003. Que pensez-vous, à notre époque, de la séparation entre arts décoratifs et beaux-arts ?

Bien qu'intéressante d'un point de vue historique, cette distinction n'a plus beaucoup de sens de nos jours. Le mouvement romantique allemand donna naissance à l'idée selon laquelle l'art serait la création d'individus se trouvant « hors de la société » et qui apporteraient par leur génie une compréhension différente du monde, perceptible dans leurs œuvres. Cette conception créa un divorce désastreux entre les disciplines artistiques, que l'on peut encore observer aujourd'hui dans la façon dont les institutions artistiques organisent leurs expositions. S'y est ajoutée l'idée du spirituel dans l'art. Prenez par exemple la National Gallery : vous n'y trouvez pas de département « Sculpture », seulement un département « Peinture ». Car la peinture et le dessin y sont encore considérés comme les plus hautes formes d'expériences artistiques, comme dirait Hegel (toujours cet héritage du XIXe siècle !), les plus spirituelles, tandis que tout ce qui est plus matériel – les arts décoratifs – est encore relégué vers d'autres musées de second rang. Un tel préjugé peut encore prédominer dans certaines institutions au XXIe siècle. Les arts décoratifs en sont alors réduits à n'être qu'une catégorie seconde des beaux-arts. Ce préjugé est complètement trompeur, et vous ne pourrez par exemple rien comprendre à l'art des XVIe et XVIIe siècles si vous gardez une telle conception des arts décoratifs.

Il faudrait donc remonter dans l'Histoire au-delà du XIXe siècle pour faire exploser toutes ces fausses frontières ?

Exactement. Revenir par exemple au XVIIe siècle, où la tapisserie était plus prisée que la peinture, car plus délicate et complexe à réaliser. D'où mon souhait de bâtir ces futures galeries « Moyen Âge » et « Renaissance » qui verront le jour dans l'espace « Europe ». Nous autres, Européens, avons complètement perdu l'idée de la richesse du travail artistique sous tous ses supports. Au sujet de Grayson Perry, que vous évoquiez tout à l'heure, ce qui est significatif n'est pas qu'il fasse de la poterie, mais que les artistes de sa génération – dans la lignée de précurseurs comme Picasso – opèrent dans une multitude de champs et de disciplines. Damien Hirst conçoit le design d'un restaurant de la même façon qu'il crée une sculpture. Ces artistes remettent ainsi en question la notion romantique d'unicité de l'œuvre d'art, de l'art conçu comme une activité strictement individuelle. D'ailleurs, dans l'histoire de l'art, nombre d'artistes n'ont pas réalisé seuls les œuvres qui leur sont attribuées. Les artistes font fréquemment appel à d'autres personnes pour créer leur travail. Prenez Rodin, par exemple : la plupart de ses marbres furent réalisés par toute une équipe, un atelier. De même, Jeff Koons ne fait pas grand-chose de sa propre main : il dirige un studio qui, lui, fait des choses.

Le V & A a récemment vécu une petite révolution : il est devenu un musée gratuit. Quelles sont les conséquences d'un tel changement ?

Les Anglais ont une relation spéciale à cette question de la gratuité. À la fin du XIXe siècle et au début du XXe siècle, la bourgeoisie anglaise considérait la cherté des droits d'entrée dans les lieux d'art comme un indicateur du degré de civilité de leur société. Pour visiter des monuments historiques, les Londoniens s'attendent donc naturellement aujourd'hui à payer un certain prix. Mais les institutions publiques à but pédagogique, comme le V & A, ne partagent pas ce point de vue. Il s'agit pour nous de mettre des œuvres importantes à la disposition de tous, gratuitement. Depuis quelques années, une aide du gouvernement, qui reconnaît mieux notre mission d'institution publique, nous permet d'appliquer cette éthique de la gratuité. Le nombre de nos visiteurs a de ce fait presque doublé depuis l'application de ce principe de gratuité.

Quelles relations entretenez-vous avec d'autres musées d'Europe ?

Nous collaborons avec beaucoup de musées européens et nous avons beaucoup à apprendre d'eux. De fait, il est difficile de ne pas être impressionné et inspiré par l'importance que la « culture » en général – et les musées en particulier – a sur le continent, notamment en France. Notre approche de la muséologie est, en Angleterre, radicalement différente de la vôtre. Je vais prendre un exemple récent : pour notre collection d'art islamique, nous devons impérativement trouver des mécènes – dont l'aide peut varier en moyenne entre 1 000 euros et 8 millions d'euros, selon leurs moyens. L'État ne nous aidant pas dans ce projet, nous sommes donc dépendants d'investisseurs privés, qu'il faut savoir démarcher. Pour l'accrochage de sa galerie d'art islamique, le Louvre bénéficie pour sa part d'environ 15 millions d'euros de l'État. Cela est typique de nos différences. En France, vous bénéficiez d'un engagement politique conséquent pour accomplir ce qui est important.

Comment expliquez-vous néanmoins le succès des musées anglais, admirés de par le monde ?

Ce qu'il est intéressant de souligner au sujet des musées anglais – et ce que je vais dire n'est peut-être pas très modeste de ma part – est que l'accrochage et plus généralement la façon dont sont présentées les œuvres sont souvent profonds et intelligents. Vous savez, les objets accrochés dans des musées d'arts décoratifs sont, à l'origine, des choses silencieuses qu'il faut savoir « faire parler ». Les objets peuvent transmettre toutes sortes de messages, en particulier les objets d'art. C'est là qu'entre en ligne de compte le travail du conservateur : comme il existe une variété presque infinie de façons de faire parler ce type d'objets, il faut trouver la meilleure. À moins d'être suffisamment informé, de connaître parfaitement sa collection et de continuer à vous confronter aux objets, à les interroger, vous risquez d'échouer dans cette tâche essentielle. Votre accrochage se révélera alors banal, voire décevant. Les conservateurs anglais échappent pourtant souvent à cet écueil. Par leur formation, ils acquièrent en effet une connaissance unique, empirique et pragmatique, des objets. De quelles matières sont-ils faits ? pour quelle fonction ?, etc. Telles sont les questions qu'ils se posent face aux pièces dont ils disposent, et auxquelles ils tentent de répondre dans leur accrochage. C'est cette approche unique – pratique et empirique plus que théorique – qui fait la force des conservateurs anglais.

LA VIDÉO A SU RÉINVENTER

NOTRE RAPPORT À L'IMAGE,

INTERROGER LA PRIMAUTÉ DU VISUEL DANS NOTRE SOCIÉTÉ.

Isabelle
et **Jean-Conrad Lemaître**
Collectionneurs

COMME UNE IMAGE

« L'incroyable collection de Jean-Conrad et Isabelle est une bonne preuve que vous n'avez pas besoin d'être jeune, branché ou fabuleusement bohémien pour comprendre l'art contemporain », explique *Art Review* dans les trois pages qu'elle consacra récemment à ce couple de Français installé à Londres. La revue d'art s'y étonne de la capacité de ces Frenchies « *posh*[1] » à comprendre si bien l'art contemporain british. À l'origine, rien ne prédestinait en effet ce banquier d'affaires et sa femme, qui ont grandi entourés de boiseries du XVIIIe siècle et de natures mortes, à devenir les collectionneurs chevronnés d'art d'avant-garde et de vidéo qu'ils sont aujourd'hui. Et pourtant…

JEAN-CONRAD LEMAÎTRE

Madrid, 1983. En ce chaud après-midi d'été, Jean-Conrad rentre chez lui et pénètre en chemin dans une galerie d'art contemporain. Un choc. Il entre en conversation passionnée avec le tenant du lieu et sort avec une œuvre sous le bras (un tableau de Fernando Zóbel). Première acquisition, pierre de touche de ce qui va devenir une passion. Depuis, en vingt-trois ans de travail commun, ils ont constitué une collection précieuse, extrêmement variée et internationale d'art contemporain. Des centaines d'œuvres. Une collection à faire pâlir de jalousie un galeriste branché de l'Est londonien, et dont certaines pièces intéressent désormais le directeur de la Tate, Nick Serota. Passeurs anonymes, les Lemaître jouent un rôle discret, efficace mais indispensable pour les jeunes artistes, et précieux pour les galeristes. Rencontre avec ce couple hors normes, dans leur appartement de Kensington où ils reçoivent, parmi certaines de leurs œuvres, Christian Boltanski, Sophie Calle ou encore Gillian Wearing.

D'où vous vient cette passion pour l'art ?

De mon enfance. Mes parents avaient beaucoup de toiles, essentiellement des natures mortes à la maison. Dès mes cinq ans, ma grand-

1. *Posh* : issu d'une famille classique.

mère m'emmenait au Louvre. Elle était aussi l'amie de Félix Fénéon[2]. J'ai donc baigné dans un univers artistique dès mon plus jeune âge.

Et l'idée même de collectionner ?

Je l'ai toujours eue, mais c'est avec ma femme Isabelle qu'elle s'est concrétisée. Acheter des œuvres d'art, cela dit, n'a rien d'élaboré ou de professionnel pour nous. Rien à voir avec un investissement d'aucune sorte. C'est plutôt un désir d'avoir des œuvres chez soi, de vivre avec et de les partager.

Vous avez passé votre vie dans de grandes capitales : Madrid, Bruxelles... Londres vous convient-elle plus que les autres villes dans lesquelles vous avez vécu ?

Londres est une ville phare, très cosmopolite. Un lieu de croisements et de rencontres. Dans le domaine de l'art, elle attire des gens d'un peu partout. Elle offre plus qu'ailleurs sur le plan culturel : musées, galeries, etc.

Et la vidéo d'art, dans cette ville ?

Autrefois, il faut bien dire qu'il n'y avait pas grand-chose ici, en vidéo. En arrivant d'Espagne, nous étions parfois considérés comme des passeurs, dans ce domaine encore balbutiant. Aujourd'hui, les choses se sont développées, mais c'est toujours assez limité. En fait, le « video art » s'épanouit surtout dans les pays qui s'intéressent particulièrement à l'avant-garde. Sinon, il reste encore assez peu apprécié. Et même si certains collectionneurs commencent à en acheter, plusieurs choses chiffonnent dans la vidéo : sa dimension technique (un réel handicap, avec le problème de la reproductibilité trop facile de cette œuvre d'art), le danger du piratage, et enfin la conservation difficile de ce type de support.

Pourquoi vous intéressez-vous particulièrement à ce support ?

J'ai toujours eu un intérêt très marqué pour le cinéma. Le cinéma, c'est l'image en mouvement. La vidéo, elle, a trait au cinéma, mais aussi à la télévision. Or nous vivons dans une société télévisuelle, qui vit tous les jours avec l'impact de la télévision. Heureusement, la vidéo a su garder ce rapport direct et primordial avec le septième art (dans un style un peu différent, mais avec une parenté très forte). Elle a su réinventer notre rapport à l'image, interroger la primauté du visuel dans notre société.

---

2. Un mécène célèbre.

Vous collectionnez, mais vous êtes aussi impliqués dans beaucoup d'autres événements (jurys de festivals, associations, etc.) Comment vous définir : collectionneurs ? passeurs ?

Vous savez, l'art contemporain, pour nous, c'est d'abord une passion. On la vit dans différents domaines, on aime appuyer et soutenir de jeunes artistes, être impliqués dans des jurys, participer à des manifestations, etc. Au fond, il s'agit avant tout d'un partage. Partager avec les autres ce que l'on aime – que ce soit des sculptures, des vidéos... Nous montrons toujours nos œuvres chez nous.

Vous trouvez le temps, entre le travail et la passion ?

Je pense que, si l'on aime quelque chose, on trouve toujours le temps de le faire. Ce sont seulement les gens qui ne sont pas occupés qui, d'une certaine façon, n'ont pas le temps... Les gens très occupés ont toujours le temps d'être... encore plus occupés !

Sur ces mots, Jean-Conrad se retire en s'excusant : il est huit heures, il ne veut pas être en retard à la cérémonie du Turner Prize[3].

ISABELLE DE TURCKHEIM-LEMAÎTRE

Avec Jean-Conrad, vous faites une sorte de tandem. Comment travaillez-vous ensemble ?

Tout couple se forme par des affinités, même inconscientes. Tous les deux, nous savions à l'origine que nous étions passionnés par l'art, sous toutes ses formes. Après notre mariage, il a dû travailler d'arrache-pied, et il n'a plus eu, pendant un certain temps, le loisir de se tenir au courant de ce qui se passait dans ce domaine. Je lui ai alors permis de vivre sa passion par procuration. De mon côté, j'aime collectionner depuis toujours. Enfant, je mettais de côté des choses, n'importe quoi, même des bouts de papier, des tickets de métro.

En 2003, vous avez collaboré à « Made in Paris », un événement qui a exposé des artistes parisiens dans une trentaine de galeries londoniennes.

Oui, et cet événement a tellement bien marché que l'on va recommencer en 2006, sur le même principe, sauf que ce ne sera plus uniquement de la photo et de la vidéo cette fois, et que l'on orientera notre choix des

3. Grand prix d'art contemporain anglais.

lieux de façon différente (il y aura moins de galeries et plus de grands musées). On va aussi travailler avec la mairie de Paris et l'AFAA[4].

Comment, dans votre travail de collectionneurs, découvrez-vous les artistes ? Et comment les faites-vous connaître ?

Pour découvrir de nouveaux artistes, on va un peu partout : dans les vernissages mais aussi dans les foires. Récemment, je me suis rendue à l'exposition du Fresnoy, où j'ai acheté deux vidéastes. Les biennales sont aussi utiles pour cela, par exemple celle de Liverpool en Angleterre. En outre, les artistes, institutions et galeristes nous envoient désormais beaucoup de choses directement à la maison, sans nous connaître personnellement. En aval, on montre ensuite le travail de ces artistes aux gens appropriés. Ainsi, nous avons fait découvrir Carolina Saquel à Pilot, un forum organisé par des artistes au moment de Frieze Art Fair. Idem pour Fabien Rigobert que l'on a fait connaître à Alexandre Pollazzon de la galerie Sketch. C'est agréable de penser que l'on y passe beaucoup de temps, mais que cela porte ses fruits.

Comment vous définiriez-vous : collectionneuse ? mécène ?

Nous ne sommes pas collectionneurs professionnels car nous faisons d'autres choses à côté. Et nous ne sommes pas agents : nous ne constituons pas un capital ; il n'y a aucune dimension de profit. En fait, je crois que nous sommes des « passeurs », un terme que j'aime. Bien sûr, nous vendons parfois certaines œuvres, un peu comme une fusée qui doit se séparer de sa base pour mieux monter, selon l'image que suggérait un article paru à notre sujet dans *Les Échos*.

Notre métier requiert une certaine déontologie. On achète d'abord aux galeries, dont le travail est très important. C'est seulement si un artiste n'a pas de galerie, comme ce fut le cas avec Rigobert, que l'on traite directement avec lui. Mais, à partir du moment où ce même Rigobert fut représenté par Anne de Villepoix, on l'a acheté à cette galeriste.

Nos rapports avec les galeristes et les musées sont de plus en plus fréquents. Et à double sens, maintenant que l'on a une certaine réputation. D'ailleurs, la plupart des galeristes, commissaires d'exposition ou directeurs de musée londoniens s'intéressent désormais à notre collection. La dernière que l'on a reçue fut Jenni Lomax[5]. Montrer notre collection est un vrai boulot : en général cela prend deux heures, parfois plus.

4. AFAA : Association française d'action artistique.

5. Voir son portrait, p. 64

Et vos rapports aux plus grosses institutions ?

Très différents. On commence là aussi à se faire connaître. Récemment, nous avons reçu une lettre de Nick Serota, le directeur de la Tate Gallery, qui recherchait une vidéo de Steve Mc Queen (*Exodus*) que nous avons. De même, on a donné au Centre Pompidou une œuvre de Patrick Van Caeckenbergh. C'est aussi une façon maligne de le faire connaître en France. On n'est un peu comme des électrons libres. Dans la mesure où on n'est ni galeristes, ni artistes, ni rien, on fait ce que l'on veut. Et on dit ce qu'on veut. Beaucoup de gens n'ont pas cette liberté dans le milieu de l'art.

Collectionner la vidéo, est-ce quelque chose de facile ?

Non. La conservation, l'évolution technologique et les coûts de transfert de l'installation pour la projection dans certains cas sont souvent rédhibitoires. Et le coût d'achat de la vidéo est désormais élevé. Cela ne commence jamais à moins de 2 000 ou 3 000 livres sterling, ce qui est le prix d'un tableau de qualité. Heureusement, on a commencé il y a longtemps et l'on possède aujourd'hui plus de 70 vidéos, dont beaucoup d'auteurs anglais. Jean-Conrad a notamment été le premier à s'intéresser à Gillian Wearing, puis Marc Wallinger, Steve Mc Queen, souvent les lauréats du Turner Prize, comme Jeremy Deller, cette année. Lorsqu'il a acheté cet artiste, il y a deux mois, très peu le connaissaient.

Comment développer un jugement de goût dans un domaine aussi novateur que la vidéo d'art ?

Là, je dois beaucoup à Jean-Conrad. Il a l'œil ainsi qu'un sacré culot. Il n'hésite jamais et emprunte sans cesse pour acheter de nouveaux artistes. Or, si un Charles Saatchi[6] peut acheter tout ce qu'il veut, nous, nous devons faire des choix. Mais c'est aussi une force, une marque de confiance envers les artistes, d'avoir à choisir. Au bout du compte, nous suivons nos goûts et nos envies, et peu importe ce que les autres en pensent. À ce sujet, quand on me dit « La vidéo, ce n'est pas de l'art », je réponds que, pour ma part, je ne crois pas qu'il faille voir les choses comme cela. Il faut repartir des artistes et se demander pourquoi ils décident d'utiliser ce média. À partir du moment où ils décident que c'est de l'art, comme dirait Duchamp, on « suit ». Et l'on précède, en même temps !

6. Fondateur de la Saatchi Gallery, magnat de la communication et de l'art contemporain british.

IL EXISTE TOUTE UNE COMMUNAUTÉ D'ARTISTES

DANS CETTE VILLE,

QUI ONT DES INTÉRÊTS ET UNE CULTURE EN COMMUN

MAIS NE SE RENCONTRENT JAMAIS.

À SA MANIÈRE, RESONANCE FM

ESSAYE D'Y REMÉDIER.

Knut Aufermann
Manager de Resonance FM

ADT
AND
FOR
BASS
THE
AMP
SHOP

LONDRES ÉCOUTE

« Imaginez une station de radio qui ne ressemble à aucune autre. Qui archive le neuf, l'inconnu, l'oublié, l'impossible. Qui soit à la fois locale et globale. Hors du temps. Et qui soit elle-même une œuvre artistique autant qu'un laboratoire d'expérimentations. »

Telle est la description que l'on peut lire sur le site Internet de Resonance FM[1]. Créée il y a deux ans par le London Musicians Collective[2], cette nouvelle station est d'ores et déjà devenue la référence radiophonique des Londoniens qui s'intéressent à ce qui se crée, se monte, s'innove dans leur ville. Et devient ainsi l'équivalent de ce que fut Radio Nova à Paris il y a une dizaine d'années. Avec des contributions hebdomadaires de 200 musiciens, penseurs, artistes, activistes, écrivains, Resonance FM veut « donner une voix aux diverses communautés artistiques de la ville ».

Faire exister une radio artistique, sans publicité ni sponsor commercial, tient presque du miracle. La bande FM londonienne est déjà saturée, et nombreux furent ceux qui prédirent que l'aventure Resonance FM allait tourner court. C'était compter sans son jeune manager, Knut Aufermann. En prenant contact avec lui, on s'imaginait un homme pressé, portable à la main, nous accordant quelques minutes entre deux rendez-vous. Faux *a priori*. Avec son air rêveur, son jean élimé et sa barbe de quelques jours, l'homme ressemble en fait plutôt à l'un de ces guitaristes qu'il croise tous les jours dans le quartier. Resonance FM se situe à Denmark Street, au cœur de Soho, une rue entièrement dédiée à la musique avec ses dizaines de magasins d'instruments, de studios d'enregistrement et de disquaires – sans oublier le mythique *Twelve Bar* où les Beatles firent leurs débuts londoniens. La radio a pris ses quartiers au numéro 12 de la rue, un ancien studio d'enregistrement fréquenté en son temps par Jimi Hendrix. Une discrète indication « Resonance FM » sur la porte ; on descend un petit escalier ; et l'on arrive dans l'antre d'Ali Baba qui sert d'office à la radio.

Dans une première pièce (le studio lui-même), techniciens, speakers et DJ vont et viennent dans l'effervescence du direct. À l'antenne, on parle de free-jazz et de politique. Des piles de bobines traînent çà et … côtés de jacks de guitare et de cannettes de bière dans un coin,

…sonancefm.com
…ociation artistique de musiciens.

« restes des trop nombreuses soirées passées à tenir l'antenne jusqu'à l'aube... Ou de longues sessions de musique live », confesse Knut. Ses poches sous les yeux, sa voix éreintée témoignent aussi de ses nuits blanches passées à la radio, fidèle au poste comme un capitaine à son navire. Épuisé, il n'en a pas moins l'air d'un enfant ravi qui aurait réalisé son rêve. Il nous emmène dans la cuisine, à l'abri du brouhaha des couloirs, pour que je puisse bien capter le son avec mon minidisc.

« Je suis arrivé à Londres il y a six ans pour étudier l'ingénierie du son. Je suis entré dans le monde de la radio très rapidement, au cours du Meltdown Festival de John Peel[3], en 1998. Le grand DJ avait décidé de confier la diffusion de l'événement au London Musicians Collective, cette association de musiciens qui a fait naître l'idée de Resonance FM. Il cherchait quelqu'un qui puisse travailler de nuit, j'ai tout de suite accepté. Puis est venu le projet de créer la radio. En Angleterre, vous pouvez bénéficier d'une licence de diffusion radiophonique d'un temps limité, si vous couvrez certains événements culturels. C'est ce qui se passait avec le Meltdown, et l'on a décroché donc une licence sur la FM, en mai 2002. Je fus ensuite chargé par ses créateurs, notamment Edmund Baxter, de manager ce projet un peu dément qui semblait condamné dès sa création. »

Mais à Resonance FM, on est obstiné, ingénieux, débrouillard. Edmund Baxter a ainsi dégotté des financements ici et là, au moment où Knut s'occupait du matériel, de la présence d'untel, du soutien d'un autre... À eux deux, et avec les autres membres du noyau dur des débuts, ils ont créé un vaste réseau de sympathisants, volontaires, mécènes et sponsors pour leur radio. Surtout, ils ont suscité l'intérêt des milieux de l'art et de la musique de la capitale anglaise. Bien qu'Allemand, ayant surtout vécu à Hambourg, Knut n'a d'ailleurs jamais regretté de s'être installé à Londres. « C'est une ville fantastique, tellement de gens expérimentent ici, se lancent, sans forcément se soucier à l'origine de financements. Je crois que c'est assez inouï. » Voilà ce qu'il aime ici, cet esprit d'initiative, qui lui a également permis de pratiquer son autre passion, la musique électronique. « Je fais ma propre musique, depuis mes dix-huit ans. En Allemagne, pourtant, je jouais très peu, car tu es censé être musicien professionnel là-bas pour trouver des salles. Ici, au contraire, pas besoin de cv ou de recommandation – je me suis très vite fait accepter, jouant même avec les plus grands. »

La programmation de Resonance est à l'image du Londres qu'aime Knut : hétéroclite, explosive, quelque peu « barge ». « Dès sa création, la radio s'est engagée à révéler la diversité et la richesse de la vie

3. Grand journaliste musical et DJ anglais, mort récemment.

londonienne, ce qu'aucune autre radio anglaise ne fait.» Aujourd'hui, avec son festival annuel de musique expérimentale, ses 3000 participants bénévoles à la radio et ses 90 émissions hebdomadaires, la radio peut estimer qu'elle a réussi ce pari, devenant même «la première radio artistique de Londres».

«La première fois que je suis tombé (par hasard) sur 104.4, j'ai d'abord entendu ce chuchotement, presque inaudible, qui sortait du poste, se rappelle le musicien Tom Besley. Un DJ expliquait qu'il s'agissait en fait d'une cure sonore, pour chasser le stress de la journée des auditeurs! Une musique venue de nulle part débarqua ensuite, comme si on était branché au juke-box d'une radio venue d'une autre planète.» Ce jeune musicien aime l'esprit créatif de la radio, «cette capacité à métamorphoser des interviews, apparemment anodines, en de la poésie sonore. Ainsi que quelques concerts en direct, des grands moments de radio.»

Pour Knut, impossible de résumer le style Resonance en quelques phrases. «Pour nous définir, il faudrait énumérer la liste de nos 90 programmes. Comment décrire une radio qui rassemble des programmes de musique minimaliste, des essais radiophoniques (le «Out To Lunch» de Ben Watson), des émissions de médias alternatifs (Indymedia) et de la musique folklorique d'Irlande?» Resonance, c'est également des programmes pour le troisième âge, des lectures de dramaturgie radiophonique, des diffusions de conférences, des discussions politiques et beaucoup d'autres choses encore. Avec la liberté de bouleverser les grilles de programme à la dernière minute si besoin est, comme ce fut le cas durant la semaine de notre rencontre, au cours de laquelle une grille de huit heures quotidiennes fut improvisée, en direct de la foire d'art contemporain Frieze[4], laissant la place selon les circonstances à des interventions en direct au FSE (Forum social européen) de Londres. «Nous aurons également cette semaine la «Radio Art Riot», où des programmateurs de radios artistiques du monde entier (Kunstradio, Reboot. FM, WFMU, radio. cult, radio Orange, radio Tilos, WPS1) viendront discuter des enjeux qui se posent à notre profession. Nous et ces autres radios indépendantes, on fait partie de la même famille, de la même tribu.»

Une dimension communautaire que Knut met au premier plan des impératifs de la radio. En commençant par Londres. Resonance se veut réseau, point nodal, lieu de rencontre et d'échange entre ceux qui créent, mais restent isolés dans l'immensité de la capitale. «Il existe toute une

4. *Frieze* est cette nouvelle foire d'art contemporain, très appréciée, qui attire galeristes et collectionneurs des quatre coins du globe à la mi-octobre de chaque année.

communauté d'artistes, dans cette ville, qui ont des intérêts et une culture en commun, mais ne se rencontrent jamais. À sa manière, Resonance FM essaye d'y remédier. » De fait, avec des dizaines de milliers d'auditeurs sur la FM et plus de 40 000 en ligne, Knut sait de quoi il parle.

Son regard s'assombrit lorsqu'on l'interroge sur la situation financière de la radio. « Il est évidemment difficile de subsister. Surtout que l'on refuse catégoriquement d'être financés par la pub. On se base sur des fonds publics, plus quelques mécènes privés qu'il faut relancer tous les ans. Heureusement, Resonance est de plus en plus connue, ce qui nous donne davantage de chances de trouver des fonds. » La radio est en fait en train de vivre une période capitale pour son avenir. Elle ne peut plus se représenter pour le Radio Pilot Scheme, ce prix remporté consécutivement les deux années précédentes, qui lui donnait un accès gratuit à la FM. Il lui faut désormais obtenir, comme les autres, une licence de cinq ans d'antenne, sur des critères beaucoup plus exigeants et au risque de ne plus pouvoir diffuser.

Sur ces mots, Knut retrouve son air rêveur. Il évoque l'avenir, et d'abord son souhait d'améliorer la qualité de diffusion en passant par le satellite. Il garde néanmoins les pieds sur terre à ce sujet. « J'espère surtout ne pas perdre la créativité et la liberté qui nous caractérisent en ce moment. » Il fait aussi campagne pour le European Art Radio Network, un projet ambitieux d'association entre les radios artistiques du continent. Pour le reste, il évoque son envie de « s'occuper davantage de musique, moins de gestion à la radio », tout en se sachant difficilement remplaçable dans sa tâche de manager. Il n'est pas près de lâcher l'aventure pour enregistrer un disque ou autre chose de plus personnel (« La radio reste ma passion ! »). En quittant la cuisine, Knut nous montre une petite pièce, les « archives », où un stagiaire a commencé à archiver tous les programmes diffusés depuis trois ans sur 104.4 FM. « Cela ne doit pas prendre trop de temps, ni de place. La radio doit rester un média du direct. » Quoi qu'il en dise, Resonance FM est déjà entrée dans l'histoire.

LONDRES EST SURTOUT
UNE VILLE DE VILLAGES.
LA PLUPART DE SES HABITANTS
PENSENT ET AGISSENT “LOCAL”.

SÉQUENCE 2

ACTEURS LOCAUX

GEORGE
NICHOLSON
MILITANT

JENNI
LOMAX
DIRECTRICE DE MUSÉE

TANYA
PEIXOTO
LIBRAIRE

ALASTAIR
BROTCHIE
ÉDITEUR

ICI,
DEPUIS QUELQUES ANNÉES,
LES PRIX
ONT TELLEMENT FLAMBÉS
QUE LES GENS SONT DE NOUVEAU
MIS À LA RUE.

George Nichoslon
Militant

ENFANT DE LA TAMISE

Coin Street est une petite enclave sur les berges sud de la Tamise, entre les ponts de Waterloo et Blackfriars. Un quartier portuaire, très prisé avant la Seconde Guerre mondiale, où cohabitaient en bonne entente dockers, riverains et industries diverses. Les bombardements de 1939-1945 lui portèrent pourtant un coup fatal. Détruit, ruiné, déserté, le quartier devint après la guerre la proie de gros investisseurs immobiliers rachetant et bâtissant de tous côtés, n'hésitant pas à expulser les derniers riverains pour conquérir le terrain.

Puis est arrivé George Nicholson. Né « de l'autre côté du fleuve », celui qui se voyait devenir ingénieur nautique se passionna à vingt ans pour son quartier et entra en politique pour défendre la cause des riverains. Véritable héros local, Nicholson est aujourd'hui photographié et cité dans toutes les gazettes du port, comme le David qui triompha du Goliath immobilier. Le regard pénétrant, les bras croisés, l'homme a des airs de Rastignac. Comme chez le héros de Balzac, on trouve en lui cette force intérieure qui, lorsqu'elle se réveille, semble capable de tout emporter sur son passage.

En vingt ans de combat acharné, Nicholson a su transformer le Coin Street Community Builders (CSCB), petite association sans importance, en une puissante « entreprise sociale en action », modèle d'action citoyenne cité par tous les travailleurs sociaux de la capitale. Réaménagements de vieux immeubles, création de buildings résidentiels et d'un jardin public, rénovation d'une tour en centre culturel et commercial (Oxo Tower)… Les réussites du CSCB sont innombrables, la plus remarquable restant la résurrection du marché gastronomique de Borough Market, fierté personnelle de Nicholson. Tous ces efforts permettent aujourd'hui à tout le quartier de redevenir l'un des endroits les plus populaires et les plus visités de la ville.

Nicholson nous reçoit à son domicile, dans sa maison à deux pas des berges. Des poissons de toute sorte, une guitare et un exemplaire du *Guardian* dessinent l'intimité de son living-room. Au mur sont accrochées ses photographies en noir et blanc, des paysages des Pyrénées. « Les sommets me fascinent », explique celui qui se dit néanmoins « enfant de la rivière ».

Comment est né le Coin Street Action Group ?

En 1970-1971, il y eut un boom des investissements immobiliers à Londres, encouragés par le gouvernement conservateur. À cette époque, le quartier, qui était déjà l'un des plus pauvres du pays, vivait une crise grave. L'industrie nautique stagnait, les dockers étaient sans emploi, les commerces fermaient... Et les investisseurs fonciers faisaient la loi, rachetant tout ce qu'ils pouvaient pour une poignée de pain. Au même moment, une loi fut votée en Angleterre (la loi Skeeffington), qui reconnaissait un rôle et un statut juridique aux associations de citadins dans la gestion de leur quartier. Pour la première fois dans l'histoire de ce pays, les résidants du quartier purent se constituer en associations de riverains et se défendre face aux promoteurs immobiliers. Nombre de campagnes féroces opposèrent à l'époque dans Londres ces deux camps : promoteurs immobiliers contre associations, notamment dans tous les quartiers à la périphérie de la ville, Spitalfields, Hammersmith, Hackney. Ici, les promoteurs devenaient d'abord propriétaires, puis ils augmentaient les loyers pour faire déguerpir les habitants et reconstruire.

L'une de vos premières campagnes fut de vous opposer à ce gigantesque plan de réaménagement, en 1977, qui prévoyait la transformation de Coin Street en zone touristique, avec la construction de ce qui devait être le plus grand hôtel d'Europe ?

Oui, c'était le projet de l'architecte Richard Rogers : une gigantesque bâtisse, avec un hôtel et des bureaux, sur plus de 300 000 mètres carrés. La Oxo Tower Wharf, qui fabriquait alors de la farce à pâté, devait être détruite pour accueillir le projet sur son site. Nous fîmes campagne pour défendre les droits des familles, des travailleurs et des résidants locaux, tous menacés par ce projet mégalomane. Mais c'est l'époque où Thatcher arriva au pouvoir, et ce genre de préoccupations laissait, comme on s'en doute, le gouvernement ultralibéral plutôt indifférent. Nous décidâmes alors de mettre au point notre propre plan de réaménagement du quartier. Il comprenait notamment la création d'une allée piétonne, d'un square, de boutiques et d'ateliers le long de la rivière. Nous réussîmes à empêcher la réalisation du plan Rogers et, après des années de lutte, notre projet fut finalement accepté. De ce combat est né le Coin Street Action Group, une galaxie de vingt-cinq différentes associations : syndicats, ONG, associations culturelles ou religieuses, associations de résidants...

Pourquoi avez-vous décidé personnellement de consacrer la majeure partie de votre vie à ce mouvement ?

Pour des raisons sentimentales, dirais-je, plus que professionnelles. Je suis un enfant des berges, né à Camberwell plus précisément, où j'ai grandi. Après avoir travaillé quelque temps à Liverpool (en tant qu'ingénieur nautique), je revins ici dans les années 1960. Le quartier était en plein bouleversement. J'entendis parler du Coin Street Movement par l'un de ses membres qui vivait à deux blocs d'ici. Lorsque je l'ai rencontré par hasard à une exposition du Globe Theatre, il me proposa de venir à l'une des réunions. J'avais à peine vingt ans. Le lendemain, je laissais tomber mon boulot et décidais de me consacrer au Coin Street Movement.

Vous êtes pourtant parti après quelques années pour rejoindre le Greater London Council ?

En effet, car la situation devint vite stérile. Au départ, tout semblait aller pour le mieux : nous bénéficiions d'une aide du ministère, préparions un centre communautaire dans Corner Street et repoussions efficacement les assauts constants des promoteurs. Assez vite, je réalisai pourtant que nous étions en train de nous fourrer dans un cul-de-sac. Nous menions, certes très efficacement, toutes sortes de campagnes (au niveau local) populaires dans le quartier et, en apparence, écoutées par la municipalité. Mais la seule véritable chance de l'emporter était en fait de se rallier au Greater London Council (GLC), la très puissante organisation qui venait de se créer, emportée par l'élan de Ken Livingstone[1] qui y fit ses débuts. Je joignis donc le GLC et, en 1981, fus nommé « *Director of the Planning Committee* » pour Londres. Ainsi, je pus soutenir bien plus efficacement nos revendications en tant que Coin Street Movement.

Comment lutter contre les investisseurs immobiliers ?

En s'associant à d'autres groupes d'intérêts convergents. Ainsi, à l'époque, nous étions liés au « Campaign for Home in central London », une initiative des riverains de Covent Garden qui se trouvaient dans la même situation que le Coin Street Movement et avaient gagné leur cause par une campagne très engagée, très radicale. Le Coin Street Movement se joignit donc à leur combat, et nous fûmes vite rejoints par d'autres groupes. J'entrai en même temps au Parti travailliste[2], comme bon nombre de camarades du GLC – qui se politisait. C'était une époque passionnée, très politique, parfois violente. L'opposition à Thatcher divisait le pays : il fallait voir comment conservateurs et travaillistes s'empoignaient, dans la rue comme au Parlement. Dans ce contexte, nous nous serrions les coudes à gauche, et le GLC réussit à réunir un budget important, ce qui permit de payer un avocat pour notre cause.

1. L'actuel maire de Londres.
2. Le parti socialiste anglais.

Ces investisseurs étaient cependant des lobbies immensément riches et puissants. Comment avez-vous pu les battre et conquérir le terrain de Coin Street ?

En vérité, une situation assez unique nous sauva. À l'issue d'une enquête d'intérêt public sur la situation de Coin Street, le gouvernement donna en 1982 deux permis de construire : un aux promoteurs immobiliers, et un autre au Coin Street Movement. Que faire dans un pareil cas ? Un architecte me conseilla d'aller carrément rencontrer les promoteurs, en tant que directeur de la planification au GLC, pour arranger la situation à l'amiable. C'est ce que je fis et, après deux mois de négociations, ils acceptèrent de nous vendre le lieu en 1983 – car le boom immobilier était retombé et le marché était en crise. Nous achetâmes donc le terrain pour 2,7 millions de livres sterling avec le GLC, pour ensuite le revendre au Coin Street Action Group constitué alors en une organisation à but non lucratif, le Coin Street Community Builders. Cela nous prit en réalité plusieurs années pour réussir cette opération, le gouvernement Thatcher essayant de s'y opposer par tous les moyens. D'une façon assez spectaculaire, nous n'arrivâmes à nos fins que le dernier jour décisif des discussions, juste cinq minutes avant que la loi ne change ! Deux ans après, Thatcher dissolvait le GLC.

Qu'avez-vous fait alors ?

Pas mal de choses. J'ai même travaillé avec quelqu'un d'un tout autre bord politique, Michel Giraud, qui était alors président de la région d'Île-de-France. Bien qu'ayant trempé dans les affaires de corruption de la mairie de Paris, c'est un type pour lequel je garde de l'estime, car il avait au moins des idées, et la volonté de les réaliser. Il avait notamment lancé ce projet d'organisation internationale pour les régions urbaines des grandes villes internationales : Metropolis 1984. Étant une organisation française, ils n'avaient pas beaucoup de contacts dans le monde anglophone et firent donc appel à moi pour leurs relations internationales.

Et Coin Street ?

Je n'ai jamais perdu de vue l'association, et j'y revins ensuite en tant que bénévole, puisque le plus important restait à faire. Dès le départ, notre campagne s'est construite en effet autour d'une priorité absolue : un logement et un travail pour tous les démunis du quartier. C'est toujours un enjeu, qui est loin d'être atteint aujourd'hui. Pire, les prix ont tellement flambé ici, depuis quelques années, que les gens sont de nouveau mis à la rue. Malgré trente-cinq ans de lutte, malgré la construction de centaines de logements sociaux, le quartier est redevenu presque inhabitable, pour les classes pauvres ou même moyennes.

N'y a-t-il pas un autre moyen de remédier à cet éternel problème d'inflation des prix ?

C'est en fait très difficile, en raison de la situation géographique unique de Coin Street : d'une part, vous êtes ici au centre géographique exact de Londres. C'est donc un site très rare, où l'espace est très cher ; d'autre part, en raison du cours de la Tamise, nous sommes isolés, presque comme une enclave, une île dans Londres. Impossible dès lors de remédier à la flambée des prix immobiliers, car le quartier, de plus en plus étriqué, ne peut s'étendre et gagner d'autres terrains. Aujourd'hui, la population de Coin Street est donc constituée de quelques rares résidants qui y habitent encore, d'un certain nombre de gens qui ne font qu'y travailler, et d'un grand nombre de gens qui ne sont que de passage, touristes ou hommes d'affaires fortunés, cherchant un pied-à-terre bien placé. Et les prix flambent, sans personne pour s'y opposer. La seule solution pour enrayer ce phénomène sera de favoriser l'implantation d'une population durable, qui pourra redonner une autonomie et une identité à la communauté des riverains. Il nous faut combiner les trois fonctions qui caractérisent l'espace urbain (habiter, travailler, visiter), afin de recréer une communauté stable. Il faut réaménager les lieux, transformer les anciens entrepôts en des lieux d'art, par exemple. Redonner vie au quartier. Le revers de la médaille, c'est qu'une telle politique crée des tensions, car elle bouscule les règles établies. Mais elle seule peut apporter des bénéfices. Telle est la réalité économique à laquelle nous sommes confrontés.

Que pensez-vous de l'action du gouvernement qui réaménagea les rives de la Tamise pour les célébrations de l'an 2000 et revendique aujourd'hui le dynamisme du quartier comme sa réussite personnelle ?

Ici, tout le monde se souvient comme d'une bonne blague de ces festivités de l'an 2000 ! Ils avaient bâti trois choses : le Millenium Bridge (pont qui relie Saint-Paul à la Tate Modern), le Millenium Dome, et le London Eyes (une énorme roue). Résultat : le Millenium Bridge dut fermer après deux semaines, car il n'était pas aux normes de sécurité, le Dome fut racheté, car il n'était pas visité, et enfin le London Eyes peina à démarrer.

Mais il y a également du positif dans la politique urbaine du gouvernement Blair. Voyez le nombre de gens qui se baladent sur les quais de la Tamise aujourd'hui, c'est extraordinaire. C'est bon pour le commerce local, sans trop déranger les riverains, qui habitent ou travaillent souvent hors des sentiers touristiques. Et puis, si l'on pense par exemple au London Eyes, il a permis le développement d'un espace ouvert, de sociabilité et de loisir, un peu comme « Paris Plage ». C'est au bout du compte un réel progrès, dans notre pays, car c'était un quartier en plein délabrement. Quant à la question de savoir qui est vraiment responsable de ce développement, le gouvernement ou les gens du coin, c'est évidemment autre chose.

Vous avez également ressuscité Borough Market, cet ancien marché à l'abandon, devenu aujourd'hui l'un des lieux les plus prisés des gourmets londoniens.

À l'origine, le marché s'était complètement vidé après la crise des années 1980. Il y a quelques années encore, toutes ses échoppes étaient fermées. Or, un jour, un excellent fromager arriva au marché, m'annonçant qu'il voulait y ouvrir un magasin de luxe. J'ai réalisé que c'était la seule façon de développer cet espace : recréer un marché gastronomique de luxe. Il n'y en avait alors aucun à Londres, ni même dans tout le pays. Pourtant, encore en 1997, si vous ouvriez un magasin à Borough Market, vous étiez sûr de fermer dans le mois, par manque de clientèle. Mais en ouvrant une boutique de luxe, qui serve également d'entrepôt, vous évitiez ce risque. Vous avez toujours la possibilité d'exporter vos stocks ailleurs, si vous ne vendez pas assez en magasin. Je favorisai donc l'aménagement de ces commerces-entrepôts ou restaurants-boutiques de produits rares, en les aidant financièrement, au départ, quand ils étaient en mesure de me payer *a posteriori*. C'était un modèle économique stable de développement. Par exemple, si quelqu'un voulait ouvrir un restaurant de fruits de mer, nous lui disions : « OK, si vous y rajoutez une poissonnerie. » Nous avons également fait appel à deux brillants architectes, Greig & Stephenson, qui avaient réalisé le marché de Leeds. Au départ, il y a six ans, il n'y avait pas plus de six boutiques. Elles sont maintenant plus de cent. La rénovation du marché est achevée. Aujourd'hui, les villes anglaises qui ont des problèmes avec leur marché en déclin viennent nous demander conseil.

LES ŒUVRES D'ART
SEMBLENT AVOIR POUSSÉ LÀ
PRESQUE NATURELLEMENT,
COMME DES BONSAÏS
DANS UN JARDIN ZEN.

Jenni Lomax
Directrice de musée

ÉCO-ART

Camden fut en partie détruit, comme Coin Street, par les bombardements de la Seconde Guerre mondiale. Vieux quartier historique, flanqué sur le flanc nord d'Hampstead Heath, le « village » (Camden Town) connut son heure de gloire dans les années 1950 avec les peintres de ce que l'on appelle parfois l'École de Camden : Lucian Freud, Francis Bacon, Leon Kossoff, Anthony Auerbach... Certains, comme Anne Norman, y vivent encore. Beaucoup ont fui dès la fin des années 1950 l'embourgeoisement de leurs lieux favoris.

Toute l'histoire de Camden serait même partie en fumée et entrée dans les livres d'histoire sans la construction en 1965 d'un lieu qui allait redonner vie aux artistes : le Hampstead Arts Centre. Situé à l'angle d'Arkwright Road et Finchley Road, dans l'ancienne librairie municipale Hampstead Central Library, le nouveau lieu d'art apparut dans l'effervescence des années 1960 et allait bientôt voir se développer, dans une joyeuse anarchie, ateliers de peinture, performances arty, installations et autres sit-in. Le centre cueillit ainsi, à temps, les fruits presque trop mûrs de ceux qui avaient continué bon gré mal gré à créer depuis 1945. Quelque peu éclipsé ensuite, dans les années 1980, par l'arrivée en bloc de la Tate Modern, du White Cube et de la White Chapel Art Gallery, il prit un nouveau tournant, radical et salvateur, avec l'arrivée en 1990 de Jenni Lomax. La directrice, plus admirée que jamais après quinze ans de bons et loyaux services, vient de rouvrir le centre en un espace flambant neuf, salué par tous ceux qui s'intéressent à l'art contemporain en Grande-Bretagne.

« Le Camden Arts Centre s'est toujours distingué par sa capacité à considérer l'art du point de vue des artistes, estime l'artiste Michael Craig-Martin – et ce, grâce au travail précieux de Jenni Lomax. » À l'origine, les choses n'étaient pourtant pas données d'avance. Lomax se retrouvait subitement, avec peu d'expérience, aux commandes d'une machine bureaucratique monstrueusement difficile à manœuvrer. Il lui fallut d'abord composer avec les deux exigences contradictoires qui définissent le centre : la reconnaissance internationale d'une part, élément capital dans le cahier des charges d'un tel lieu ; d'autre part, le devoir de développer la vie artistique du *borough* ; ainsi que l'obligation de rendre des comptes, non seulement auprès du Arts Council, mais aussi de ses bienfaiteurs privés. Le Camden Arts Centre fonctionne en effet sous un régime complexe : institution en partie financée par l'État, il dépend surtout d'investisseurs privés et autres mécènes, dont l'impressionnante liste (au moins cinquante noms) est constamment rappelée sur les murs, brochures et plaquettes publicitaires. Un effort incessant de *fund raising*[1] est donc une condition *sine qua non* au bon fonctionnement du lieu. « Cela me prend presque la moitié de mon temps », explique la directrice.

Jenni Lomax a étudié l'histoire de l'art au Maidstone College of Art et au Hornsey College. Professeur dans des écoles londoniennes, elle voyage beaucoup à partir de 1975, notamment en Europe de l'Est, dans le cadre d'un échange organisé par le British Council, qui la charge aussi d'une « étude comparative sur les stratégies d'exposition dans les musées aux États-Unis et en Australie ». En 1979, elle devient « *Community Education Organiser* » de la White Chapel Gallery. Son programme éducatif révolutionnaire, dans cette galerie très réputée, fera sa réputation et la propulsera en 1990 à la tête du Camden Arts Centre.

« De quoi s'agit-il exactement ? », nous demande cette élégante femme d'une cinquantaine d'années, souriante, qui a presque oublié la raison de notre visite. Elle nous reçoit d'abord dans une petite pièce aux murs blancs, sorte de salle de réunion sans aucune décoration, hormis un graphique des estimations du nombre d'entrées accroché au mur. Sa visite des lieux, bien que rapide, nous impose quelque temps le respect et le silence. Une harmonie profonde se dégage de ces quatre grandes pièces d'exposition, magnifiques, qui se succèdent au premier étage. Partout, dans l'accrochage de telle ou telle pièce, les relations entre l'espace et les objets paraissent avoir été minutieusement pensées. Les œuvres d'art semblent avoir poussé là presque naturellement, comme des bonsaïs dans un jardin zen. Paysagistes et architectes ont d'ailleurs été appelés pour la rénovation du centre, réfléchissant autant à l'architecture d'intérieur de chaque salle qu'au design et à l'allure d'ensemble du lieu. Tony Fretton Architects fut chargé de recomposer l'espace de façon « minimaliste mais efficace », et le collectif MUF de créer un « jardin-terrasse » superbe qui surplombe la ville.

« Quand je suis arrivée, le building lui-même était délabré, et les choses partaient à vau-l'eau, se rappelle Jenni Lomax. À l'intérieur, les éléments cohabitaient de façon aléatoire, sans plan. » Pragmatique, Lomax sut d'emblée se pencher sur les détails prosaïques (« remplacer la plomberie »), meilleure attitude pour convaincre ses bienfaiteurs de la nécessité de travaux. Faisant feu de tout bois, elle put réunir plus de

1. Recherche de financements.

4 millions de livres sterling qui lui permirent d'engager des travaux herculéens réalisés entre 2001 et 2002.

Le résultat est plus que probant. Le nouveau centre est doté d'une librairie, d'un «*ceramic studio*», de plusieurs petites pièces d'exposition, de quatre grandes salles au milieu (une par artiste), d'ateliers d'apprentissage, d'un jardin, d'un café à l'intérieur et à l'extérieur... Vu de dehors, le building ressemble à un gigantesque loft d'artiste avec de grandes fenêtres aérées, des murs d'un blanc laiteux. De l'intérieur, on se sentirait plutôt dans un palais, voire un laboratoire de recherches scientifiques dans les salles dotées de technologies de pointe en matière de lumière ou de son pour certaines vidéos d'art. Le lieu est facile d'accès, notamment pour les invalides. En fait, il ressemble assez à sa directrice : simple, discret, efficace, mais d'une grande allure.

«Vous savez cela ?», dit-elle en rougissant, quand on évoque le Arts Council Award for Individual Achievement in the Arts, prix prestigieux qu'elle reçut en 1993. Puis, se reprenant : «En fait, je fus très surprise de l'avoir. Il y avait des gens bien plus établis que moi dans la compétition. Mais ce fut surtout quelque chose de très utile pour le centre, qui nous permit d'exposer de grands artistes.» Outre ce prix personnel (en tant que directrice), le centre gagna un autre prix qui récompensa «la mise en valeur des artistes dans un programme prenant des risques». «Comme nous sommes légèrement en marge des autres institutions, les artistes se sentent ici plus libres que dans des endroits comme la Tate. Ils savent qu'ils peuvent entreprendre des projets risqués et échouer, sans que cela porte ombrage à leur carrière. Ils expérimentent : c'est ce que l'on veut.»

C'est aussi une nouvelle conception du rapport entre le galeriste et l'artiste que propose ainsi Jenni Lomax, qui ne fait d'ailleurs plus appel à aucun commissaire d'exposition pour l'accrochage. «Attention : il ne s'agit pas pour autant de livrer les artistes à leur propre sort... mais de leur donner la possibilité d'être eux-même, en quelque sorte leur propre galeriste, dans la mesure où ils ont été choisis au préalable pour correspondre à telle ou telle pièce du centre.» En d'autres termes, le lieu est d'une certaine façon le curateur : les artistes conçoivent leur travail en fonction et en raison de l'espace, dans une sorte de dialogue ludique. Cerith Wyn Evans[2] a ainsi décidé de souligner l'immensité d'une des ailes du bâtiment en y installant un gigantesque chandelier (dont il rêvait depuis des années). Quant à Jacques Nimki, artiste mauricien habitant le quartier, il a entièrement décoré le rez-de-chaussée de papier peint, transformant ainsi la pièce en une sorte de chambre à

2. Voir son portrait, p. 84.

coucher. Il a planté des fleurs sur la façade extérieure du bâtiment, comme si la végétation allait s'en emparer. Sa politique, Lomax la qualifie, après réflexion, d'« engagement direct ». « Je cherche à privilégier le contact, l'engagement direct entre les différents éléments du lieu – hommes, objets, environnement. Les artistes travaillent ainsi, directement, par des ateliers, avec des écoliers et des collégiens. Ils s'impliquent dans le lieu, le transforment, peuvent y être invités en résidence pendant un an. Ils ont ainsi le temps de faire des recherches, de réaliser une grande œuvre. »

DEPUIS QUELQUES ANNÉES,
LE CORPORATISME ET LA VENTE AU DÉTAIL

ONT IMPOSÉ

D'INTOLÉRABLES

RESTRICTIONS

À LA FOIS SUR CE QUI PEUT ÊTRE PUBLIÉ
ET SUR CE QUI PEUT ÊTRE VENDU DANS CE PAYS.

Tanya Peixoto
et **Alastair Brotchie**
Libraire et éditeur

OPEN

LA SCIENCE DE L'IMAGINAIRE

À Old Street, le London Institute of Pataphysics[1] se réunit tous les mois à la *Bookartbookshop*. Événements pataphysiques (fête des Potassons ou de la Grande Gidouille), meetings dans les pubs, lancements de livres... La vie littéraire du quartier reprend des couleurs, orchestrée par Tanya Peixoto, libraire tenant le lieu, et son compagnon Alastair Brotchie, éditeur. Le lieu est librairie autant que siège, entrepôt et vitrine pour Atlas Press.

Créée en 1983, la maison d'édition fondée par Alastair compte désormais une bonne centaine de titres à son catalogue. « Les considérations commerciales n'ont jamais été notre principale motivation », précise l'éditeur sur son site Internet[2]. Notre attention s'est au contraire focalisée dès le début sur la représentation d'un canon alternatif, d'une « anti-tradition » d'art et de littérature contestataires, dont l'inspiration remonte au romantisme allemand au tournant du XIXe siècle, et qui a formé les avant-gardes les plus belligérantes des deux cents dernières années. Nous avons ainsi publié des anthologies d'auteurs associés au romantisme, au symbolisme, à l'expressionnisme, au dada, au premier surréalisme, à l'Oulipo et beaucoup d'autres avant-gardes d'Europe. » Puis vint la pataphysique, la « science des solutions imaginaires », dans laquelle Tanya et Alastair tombèrent comme Obélix dans la marmite de potion magique – ou comme Ubu, comte de Sandomir, roi de Pologne et d'Aragon, dans la « Grande Gidouille », cette spirale à la fois bedaine, bouzine, boudouille et giborgne[3]. Dès lors, le *Bookartbookshop* fut également proclamé siège du lip (London Institute of Pataphysics). Une petite centaine de pataphysiciens s'y retrouvent, sous la présidence du vénérable Stanley Chapman, avec son imposante barbe blanche. Une caractéristique pilaire qui définit également Chris Allen, l'associé d'Alastair.

---

1. La pataphysique, mouvement satirique d'avant-garde, qui s'est surtout développée à partir des années 1960 à Paris, s'intéresse philosophiquement à « ce domaine qui s'étend au-delà de la métaphysique ». La pataphysique se distingue par un goût de l'absurde, de l'ironie, un refus de séparer le sérieux du non-sérieux, et admet sans honte un penchant pour le paradoxe. « La pataphysique peut seulement se définir comme un langage encore non découvert car trop évident : celui de la tautologie », affirme Jean Baudrillard. Une pseudo-organisation parodique s'est ensuite développée, avec son « collège », sa hiérarchie, son calendrier... C'est que, en effet, « la science est une question administrative ».
2. www.atlaspress.co.uk
3. Informations tirées de l'œuvre de Jarry.

Ce qui suit est une discussion éminemment pataphysique, parfois absurde, scrupuleusement transcrite.

La scène se déroule dans la librairie, un vendredi en fin d'après-midi. Les protagonistes se retrouvent autour d'une bière, pour la photo, sous l'immense portrait de Raymond Roussel qui trôna quelque temps à l'entrée du *Bookartbookshop*.

Pouvez-vous commencer par me dire d'où vient Atlas Press ? Vos débuts ?

Alastair, faussement étonné : – Vous voulez vraiment que je fasse cela ? Bon, tout est de la faute de Harry Mathews. J'avais lu tous ses livres, et je les trouvais merveilleux. Je pensais très simplement les republier à mon compte. Je réussis à avoir son adresse grâce à ce poète concret... un moine gay... Quel était son nom, déjà ?

Un poète moine... et gay ?

Alastair : – Oui, un poète concret, qui était homosexuel. Et moine. Dom Sylvester Houedard, c'est ça. Bref, il était ami d'Henri Chopin, et il connaissait aussi Mathews. J'écrivis donc à Mathews, lui demandant si je pouvais publier un de ses textes dans une anthologie. Une longue lettre. C'était en 1982. Il me répondit si chaleureusement que nous nous sentîmes obligés de publier cette anthologie au plus vite.

Comment avez-vous ensuite décidé de vous lancer en tant qu'éditeur ?

Alastair : – En fait, on n'a pas vraiment décidé quoi que ce soit. Et puis Malcom Green, mon compère de tout temps (et cofondateur d'Atlas Press), est parti à l'époque vivre en Allemagne. Mais pourquoi arrêter ? On avait beaucoup de goûts en commun. Il s'est donc mis à traduire des œuvres d'écrivains allemands là-bas, tandis que je traduisais des écrivains français ici, avec des amis. Puis on a mis tout cela ensemble et nous avons imprimé le tout sous forme d'anthologies tirées à 200 copies. Nous avons emmené le tout à Compendium[4]. Ils nous dirent qu'ils aimaient nos livres, qu'ils les prenaient tous et qu'ils pouvaient nous payer en bouquins, en argent ou en cannabis ! Sage comme je l'étais, je crois que j'ai choisi des livres.
Tanya : – Peut-être devrais-je proposer la même chose à mes clients.

---

4. La grande librairie intellectuelle et radicale de l'époque, qui se trouvait à Camden et fit faillite en 2000.

Et vous, Tanya, pourquoi avoir créé cette librairie de livres d'artistes ?

Tanya : – Parce qu'il n'y en avait pas à Londres. L'idée me vint il y a quelques années. Je venais d'éditer l'*Artists Book Year Book*, une somme qui liste tous les deux ans des livres d'artistes publiés en Angleterre. Il faut comprendre la différence entre ce que l'on appelle ici « *coffee table books* », d'une part, qui sont des livres illustrés – « beaux livres » publiés par de gros éditeurs, que l'on peut disposer sur une table ; et d'autre part les livres d'art, accessibles, intimes, originaux, dans la tradition d'éditeurs comme Ed Ruscha et Dieter Roth. C'est mon type de livre, avec des tirages qui commencent à cent exemplaires. Et puis j'ai également quelques livres d'artistes, à compte d'auteur, limités et numérotés. On retrouve alors la notion d'unicité de l'œuvre d'art, et du livre comme objet précieux. C'est surtout ces deux types de livres qui m'intéressent. Or, avant la *Bookartbookshop*, je ne savais pas où les trouver. Certes, il y a toujours cette foire annuelle de livres d'artistes à l'ICA, plus quelques libraires qui s'intéressent à ce domaine, mais cela restait de l'ordre du confidentiel. C'est alors que je rencontrai Alastair, en 2000, à cette foire justement. Nous sympathisâmes, et il me dit qu'il avait une pièce libre que je pourrais utiliser pour mon projet de librairie. Après une année à préparer les détails, nous ouvrîmes la *Bookartbookshop*, officieusement le 18 décembre 2001, et officiellement le 20 février 2002. Je m'en souviens, car c'est le Palindrome Day[5].

L'idée générale était donc de faire connaître ces livres d'artistes ?

Tanya : – Oui. Je me suis inspirée de Printed Matter, la grande librairie de livres d'artistes de New York. Après vingt-cinq ans d'existence, elle demeure un modèle incomparable et une véritable institution, avec des rayons bien définis, un fonctionnement très précis et rigoureux. Ma sélection de livres est bien plus anarchique, un peu folle. Mais, comme Printed Matter, la plupart de nos livres sont tirés à une centaine d'exemplaires. Je suis avant tout « locale ». J'ai des livres d'artistes habitant encore dans le coin ou qui viennent me rendre visite à la librairie. Printed Matter est beaucoup plus internationale.

Tanya, comment définissez-vous votre lectorat à la Bookartbookshop *?*

Tanya : – Des gens un peu fous, qui n'ont rien à faire, hormis traîner dans les rues de Hoxton et débarquer dans la librairie en se disant : « Quel endroit génial, on a enfin trouvé un lieu pour s'asseoir ! » Non,

5. Un palindrome est un mot, vers, phrase qui se lit de la même manière de droite à gauche que de gauche à droite. Le 20 février (20-02) est donc une date palindrome.

sérieusement, je ne sais pas. Je crois que notre lectorat est très éclectique. Il n'y a pas de client type du *Bookartbookshop*. Au départ, c'était surtout le quidam du quartier, mais, depuis quelques mois, on vient me voir de tout le pays. Les gens reçoivent ma lettre d'information, consultent mon site Internet et font le déplacement jusqu'ici.

Dans le contexte actuel de crise de la librairie anglaise, créer une librairie indépendante, de livres d'artistes, était un pari plus que risqué. Comment l'avez-vous réussi ?

Tanya : – Je ne suis pas sûre que nous ayions encore tout à fait réussi. Certes, on commence à s'en approcher, la boutique tourne bien. Au départ, il faut prendre en compte cette relation spéciale que nous avons avec Atlas Press, un éditeur très admiré depuis longtemps, et le fait que nous gérons leurs stocks – que nous ayons donc tous leurs livres dans le magasin. Et la *Bookartbookshop* fait partie d'un projet plus grand, le London Institute of Pataphysics. Une galaxie de pataphysiciens se greffe donc à notre lectorat. Tout cela a pris un an ou deux, mais commence à prendre forme. Cela dit, je ne me suis jamais souciée de trouver des financements ou même de faire des plans budgétaires. Je me suis lancée, et ça a marché. J'ai aujourd'hui plus de 5000 livres dans la librairie et ils se vendent plutôt bien.

Alastair : – D'ailleurs, un de nos amis éditeurs, Graeme Walker, a ouvert une librairie similaire à Newcastle[6] : Elle s'appelle Bookville. Il a bénéficié quant à lui d'une aide financière pour le faire.

Quelle est la vie artistique et littéraire dans le quartier ?

Alastair : – Quand je suis arrivé ici, beaucoup d'artistes habitaient encore ces rues. Il y avait une réelle effervescence, une vraie vie de quartier. Nous avons commencé à organiser quelques événements littéraires dans des lieux comme The Foundry, ce bar en face, un endroit assez unique, ainsi que d'autres pubs ou galeries du coin. Tous les ans, nous faisons des fêtes pataphysiques ici ou là, comme par exemple à Hoxton Square, l'an dernier, pour la fête de Gidouille. Les choses ont changé pourtant au cours des dix dernières années. Tout est devenu hors de prix, chic et *hype*. Comme souvent, les galeries se sont installées et les artistes sont partis…

Le manifeste d'Atlas Press, sur votre site Internet, se donne pour objectif la publication des avant-gardes européennes – dans le but de constituer « un canon alternatif, une "anti-tradition"

6. Grande ville du Nord du pays.

d'art et de littérature contestataires». Pouvez-vous nous en dire un peu plus ?

Alastair : – Harry Mathews, encore une fois, va me servir à illustrer cette phrase, comme exemple parfait des auteurs que nous publions. Vous avez là un écrivain avant-gardiste, subversif, incroyablement stimulant à lire, mais aussi drôle et même «divertissant». Voilà ce que signifient «alternatif» et «anti-tradition». Quand nous sommes arrivés, l'avant-garde anglaise sommeillait. Tout un pan de l'avant-garde littéraire n'avait pas encore été traduit en Angleterre, et il fallait être compliqué, voire obscur dans les mots que vous employiez, pour être considéré d'avant-garde. Il vous fallait souffrir ! Les Anglais ont toujours associé la notion d'avant-garde au sérieux, à la prétention... Les auteurs se torturaient à qui mieux mieux. Pour sortir de cette impasse, nous avons décidé de publier des auteurs intelligents autant que légers et drôles. Mon deuxième modèle dans cette approche est Alfred Jarry, que j'ai toujours lu. Puis Queneau, un écrivain d'un grand humour, mais qui est aussi extrêmement créatif, dans les formes littéraires qu'il a inventées. Bref, c'est ce que j'aime dans la pataphysique.

Pouvez-vous nous raconter les débuts du London Institute of Pataphysics ?

Alastair : – Je ne me souviens plus vraiment de la façon dont nous avons pensé au LIP. Une idée extravagante émise par l'un d'entre nous un soir où nous avions trop bu, après un vernissage. Nous n'avions pas la moindre idée de ce que nous faisions. Et heureusement, nous ne le savons toujours pas !

Est-ce un réel mouvement international ? Y a-t-il d'autres collèges de pataphysique dans le monde, hormis Londres et Paris ?

Alastair : – Oui, un peu partout. Il y a par exemple trois collèges en Italie : un à Milan, un à Naples, et un autre dans le Nord. Sinon, vous trouvez des collèges dans des pays aussi divers que la Suisse, l'Argentine, la Norvège et même la Mongolie (qui ne comprend que trois membres).

Atlas veut rester un petit éditeur indépendant, conserver la liberté de publier ce qui lui plaît. Comment résister face aux mouvements massifs de rachats et de regroupements de l'édition anglaise ?

Alastair : – Depuis quelques années, le corporatisme et (plus grave) la vente au détail ont imposé d'intolérables restrictions, à la fois sur ce qui peut être publié et sur ce qui peut être vendu dans ce pays. Le résultat est une nouvelle forme de censure, tout simplement, et une réduction drastique des bonnes publications qui refusent de se plier aux exigences des grosses structures – c'est-à-dire précisément le type de livres qui nous intéresse. L'arrivée d'Internet, heureusement, nous a offert une forme de distribution alternative. Après vingt ans d'existence, nous retirons nos meilleurs titres des grossistes pour nous concentrer sur la vente directe en ligne. C'est la seule façon de préserver l'intégrité de notre projet.

Quels sont vos prochains projets de publication ?

Alastair : – Nous venons de publier la traduction par deux oulipiens de *Nouvelles Impressions d'Afrique* de Raymond Roussel, et préparons la sortie de *La Poupée* de Hans Bellmer, puis Andrew Lanyon, un très grand écrivain qui publiait jusque-là à compte d'auteur dans des éditions assez coûteuses. (Pour le premier anniversaire du magasin, nous l'avions vidé et rempli des livres de Lanyon. Cela s'appelait « *100 Hollow Books* ».) Lanyon mérite une plus grande audience, même s'il est très connu des connaisseurs. Ce sera donc une anthologie de son œuvre, qui fait plus de dix volumes.

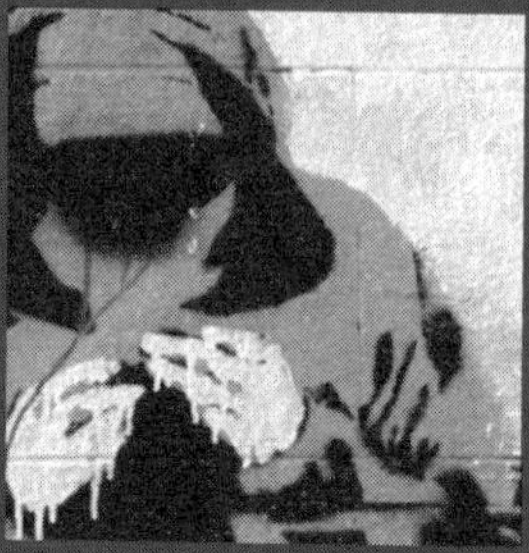

INVESTIGATEURS D'IDÉES, ARTISTES, ON LIT LEURS TRACES À DIFFÉRENTS POINTS DE LA VILLE. ILS FONT PARTIE DE L'ENVIRONNEMENT URBAIN, QU'ILS FAÇONNENT LIBREMENT – PARFOIS MÊME INVOLONTAIREMENT.

SÉQUENCE 3

ÉLECTRONS LIBRES : DES ARTISTES EN VADROUILLE

BANKSY

ARTISTE DE RUE

CERITH
WYN EVANS

ARTISTE

RUT BLEES
LUXEMBURG

PHOTOGRAPHE

JE RÊVE D'UNE VILLE
DONT CHAQUE RUE SOIT DÉCORÉE
DE MILLIONS DE COULEURS
ET DE PHRASES.
UNE VILLE QUI SOIT UN ORGANISME VIVANT.

Banksy
Artiste de rue

TOURIST
INFORMATION

TAGUEUR-HÉROS[1]

« Je rêve d'une ville où le graffiti ne serait pas illégal. Une ville dans laquelle chaque rue serait décorée de millions de couleurs et de phrases. Une ville qui serait un organisme vivant. Qui appartiendrait à tout un chacun. » Tel est le poème que l'on peut lire en exergue d'un livre de Banksy, le célèbre tagueur anglais. Hors-la-loi, recherché par sept polices d'Europe, Banksy demeure un mystère fascinant pour les Londoniens. Personne ne connaît sa véritable identité, tous connaissent son nom, beaucoup apprécient ou admirent ses œuvres. Celles-ci, souvent faites de nuit (en toute illégalité et aux risques et périls du bonhomme), se découvrent par hasard au coin d'une rue : fillette embrassant une bombe, reine d'Angleterre en porte-jarretelles, hommes d'affaires lançant des cocktails Molotov à la police...

Banksy. Le nom évoque « bandit ». De lui, on sait juste qu'il est le « fils d'un vendeur de photocopieuses », comme il le précise lui-même. Il ne pose pas pour les photos (ou alors coiffé d'un masque de singe), ne donne plus d'interviews, veut rester anonyme. Il se représente parfois en rat, « comme tous ces petits *losers*, la vermine » qu'il espère « voir un jour s'associer ». Partir à sa recherche relève du travail de détective : fausses infos, rumeurs, doubles... Il aime brouiller les pistes, poser ses graffitis là où on l'attend le moins : sur un char au musée de l'Armée, sur des animaux dans un zoo, sur une plage (une croix dans le sable : « Ici trésor »), sur la statue de Trafalgar Square (qu'il rebaptise « Zone de manifestation »).

Ses œuvres, peu à peu effacées des murs de la ville, se retrouvent aujourd'hui de plus en plus chez des particuliers amateurs d'art ou dans certaines galeries, comme la Tomtom Gallery à Soho[2]. Le « phénomène Banksy » est ainsi en train de monter en flèche sur le marché de l'art anglais. On s'arrache ses rares lithos, et son prix a triplé en quelques mois. Ses détracteurs lui reprochent donc d'avoir perdu sa « street credibility », de s'être vendu à l'establishment. Lui rappelle qu'il refuse toujours les offres des collectionneurs privés, autant que celles de la pub (il a décliné *Nike* et *Puma*). Et qu'il est un artiste engagé, lui

---

1. Ce portrait, publié à l'origine dans *Beaux-Arts Magazine* sous une autre version, a été écrit avec Jérôme Hervé.
2. New Compton Street, London WC2H 8DA. www.tomtom.biz

qui multiplie les actes de ce qu'il appelle « *the art terrorism* ». Parmi ses méfaits, une excursion à la Tate Britain lui a permis d'inscrire « *Mind the craps* » sur l'escalier[3], puis de s'infiltrer à l'intérieur du musée pour y taguer un tableau. Spectateur ironique de son propre mythe, il se caricature sur son site[4] en criminel dont le portrait est diffusé sur le programme de télévision *BBC Crime*. Il affiche ensuite une page noire, inscrivant en dessous : « Le crime paie. »

Telle est bien la limite de Banksy. S'il est entré dans la légende des grands hors-la-loi, entre Robin des bois et Spiderman – « un vrai super héros, sur lequel des gens comptent », selon son galeriste Flinton –, le tagueur voit en contrepartie son nom utilisé à tort et à travers, récupéré par tout et n'importe quoi. Une association, I am Banksy, profite de son aura pour vendre des tee-shirts. Il a également dû dénoncer le plagiat de sa signature sur un mémorial à la Shoah. Enfin, l'une de ses œuvres – un penseur de Rodin coiffé d'un plot de signalisation – fut même kidnappée sur le West Highway contre une somme de plusieurs milliers de livres sterling (la légende veut qu'il ait, bon prince, proposé deux livres à ses rançonneurs). Car Banksy évolue dorénavant sur une corde raide, paradoxe d'une culture de la rue déchirée entre subversion et revendication, engagement sérieux et parodie. Il sait qu'on l'attend au tournant. Il s'efforce de déjouer les pièges en s'enfonçant de plus en plus dans l'anonymat. Dans *Batman*, l'homme chauve-souris voit ses ennemis commettre des actes criminels en son nom. À la fin, pourtant, il triomphe.

---

3. « Faites attention aux croûtes. »
4. www.banksy.co.uk

JE SAIS QUE C'EST UN CLICHÉ MONSTRUEUX,
MAIS LONDRES REPRÉSENTE POUR MOI LA VILLE DANS LAQUELLE

LES RÊVES

PEUVENT SE RÉALISER.

Cerith Wyn Evans
Artiste

LE VISIBLE ET L'INVISIBLE

Un samedi soir, dans le quartier de Shoreditch, on contemple la vue unique qui s'offre à nous depuis la terrasse d'un ami, au 30e étage. Au premier plan, le Barbican Centre se dresse fièrement[1]. Derrière, la ville s'étend à perte de vue, mille lumières s'étirant vers l'infini. Tout à coup, un changement s'opère dans ce paysage majestueux. Quelque chose se passe en haut de Centre Point, la gigantesque tour de Soho, que l'on aperçoit à quelques miles d'ici. Ses lettres de néon – CENTRE POINT – se mettent à clignoter, comme si l'immeuble nous faisait des clins d'œil. Dysfonctionnement technique ? Signal envoyé par quelqu'un ? Après quelques coups de fil, on apprend qu'il s'agit en fait d'une œuvre de Cerith Wyn Evans, cet artiste gallois d'une quarantaine d'années, sorte d'électron libre de l'art contemporain anglais, que l'on pourrait rapprocher d'un Thomas Hirschhorn ou d'un Pierre Huyghe par sa capacité à surprendre, à placer son art dans les endroits les plus incongrus, là où l'on s'y attend le moins.

Véritable dandy, Wyn Evans sait comme Oscar Wilde faire de sa vie une œuvre d'art. Sa tenue évoque le gentleman chic de l'après-guerre (veste cintrée, bague, nœud papillon, casquette, moustache). Et son studio au cœur de Soho est un chef-d'œuvre de design moderniste (immense bureau de verre, grands chandeliers, statues d'art chinois...). Wyn Evans appartient à cette galaxie d'artistes flamboyants des années 1980, la bande à Leigh Bowery[2], parmi lesquels on pourrait aussi citer le chorégraphe Michael Clark ou la plasticienne Sarah Lucas. Issu du cinéma (il fit ses premières armes comme assistant de Derek Jarman), il ne se consacre que tardivement à sa propre œuvre, après avoir enseigné quelque temps l'architecture. Représenté depuis 1995 par le collectionneur Jay Joplin de la White Cube Gallery, il est devenu une personnalité majeure de la scène anglaise, exposé dans les plus hauts lieux (Tate Modern, Royal Academy or Arts, biennale de Venise, Berkeley Art Museum...). Il a participé en 2004 à pas moins de 22 expositions à travers le monde.

Le 14 février 2004, des milliers de Londoniens purent donc observer, visibles de tout point de la ville, les grandes lettres illuminées de

1. Voir le portrait de Matthew Dearlove, p. 24.
2. Artiste phare, auteur de performances et modèle de Francis Bacon.

2 mètres de haut du fameux Centre Point, les O et I clignotant des messages en code morse. Pour une nuit, l'artiste transforma la grande tour en un gigantesque phare éclairant toute la capitale anglaise. Le projet – appelé « *Meanwhile... Across Town*[3] » – coïncidait avec le quarantième anniversaire du building, une œuvre de l'architecte Richard Seifert.

« Vous savez, j'ai immédiatement ressenti un certain malaise, un sentiment de vanité à m'emparer de ce lieu, nous confie d'emblée l'artiste. Ce fut comme de kidnapper une icône. » Deuxième plus grand bâtiment de la ville[4], Centre Point est en effet un lieu hautement symbolique, l'effigie du Londres des années 1960-1970 (à la façon dont la tour Eiffel sacralisa le Paris de la modernité). L'immeuble a toutefois une histoire assez controversée, au parfum de scandale. Quelques mois après sa construction, on découvrit qu'il était en grande partie vide, inhabité en plein hiver – tandis que des dizaines de milliers de Londoniens dormaient dans la rue... « C'est une règle étrangement courante, que l'on retrouve dans d'autres mégalopoles comme Shanghai ou Tokyo : on construit à toute vitesse – ce qui crée des bénéfices – et puis, une fois le bâtiment construit, on ne sait plus quoi en faire... Paradoxe de l'ultralibéralisme : il est plus rentable de garder vide un tel immeuble que de le louer[5]. »

L'artiste dénonce également le lifting récent de l'immeuble en « caricature rétro des seventies », pour redonner une certaine aura à son image désuète. Il sait de quoi il parle, lui qui a toujours vécu à dix minutes du lieu, comme s'il ne pouvait s'en détacher. Étudiant à St Martins College of Art, il l'apercevait déjà depuis la fenêtre de sa chambre. À présent, son appartement de Bury Place autant que son studio juste en face lui permettent de garder l'immeuble dans son champ de vision. « Centre Point a toujours été présent, dans ma vie, comme quelque chose de très familier, presque d'intime. Un ami, qui m'a vu grandir. Il a d'ailleurs presque mon âge. » Un portrait de Dorian Gray, pourrait-on ajouter : son reflet vieilli lui permet de rester jeune.

« Il fut donc difficile de commencer ce travail. J'ai d'abord dû pervertir ma propre perception de la tour, en jouant sur mes souvenirs, ce qu'elle m'évoquait du passé. » Il cite cet après-midi d'été où lui vint l'idée de « *Meanwhile... Across Town* ». Se baladant dans le quartier avec un ami, il vit alors la lettre O de l'immeuble s'éteindre soudainement, et lut « Centre Pint » au lieu de « Centre Point ». « Y voyant un signe, je me suis alors immédiatement dirigé vers un pub[6]. » De même,

---

3. « Pendant ce temps-là... à travers la ville ».
4. Après la tour BT Cellnet.
5. Cela s'est encore récemment passé avec la Gershwin Tower, qui gagna pourtant la compétition prestigieuse d'architecture Riba en 2004.
6. *Pint* désignant une pinte (sous-entendu « de bière »).

en ce 14 février, on pouvait à nouveau lire « Centre Pint » si l'on se trouvait à l'est de la tour ; et « Centre Pont » si l'on était à l'ouest, « une référence au mot français "pont" ». J'avais cette idée allégorique de « pont » vers l'ouest sérieux de Londres, et de « pinte » vers l'est, plus canaille. Les passants et les badauds pouvaient également découvrir, projetées sur certains éléments du paysage urbain (panneaux de signalisation, murs de magasins, recoins), des phrases extraites de *Le Visible et l'Invisible*, le livre inachevé du philosophe Maurice Merleau-Ponty. Les phrases étaient projetées du haut de l'immeuble tandis que les lettres I et O les répétaient en code morse. « Ce livre est une œuvre capitale pour moi, une véritable phénoménologie de l'invisible. Merleau-Ponty y parle de la transitivité entre les corps, de ce que pourrait être une véritable communication sensible. Une sorte d'échange intuitif, du style : "Nous n'avons rien en commun, mais nous nous trouvons dans la même pièce en ce moment et nous savons tous les deux que ceci est table, et qu'elle n'est ni noire ni grise." J'ai voulu repartir de la même intuition afin de comprendre ce qui pouvait lier des spectateurs – comme pour une table – au sujet d'un lieu comme Centre Point. » Le mythe Centre Point – ce que le building évoque dans l'imaginaire collectif – fut donc le point de départ d'une interrogation d'ordre philosophique, le socle à partir duquel l'artiste interrogea, au-delà du lieu lui-même, « les fondements de la communication elle-même, l'*a priori* intuitif décrit par Merleau-Ponty comme ce qui se trouve en deçà de la communication. En outre, la problématique du livre – comment montrer l'invisible – s'applique parfaitement au lieu dans sa dimension politique : il y a d'abord la partie visible de Centre Point – la façade de l'immeuble – et puis ce qui est invisible, toutes les luttes de pouvoir qui s'y trament ».

Le morse est apparu comme le prisme parfait pour cette expérience. Centre Point, sorte d'ordinateur central de Londres, fonctionne en effet « sur un monde binaire, comme le morse : 1, 0, 1, 0, etc. ». Il évoque les feux de signalisation, les réseaux de communication, toute « l'orchestration mystérieuse de la ville » qui s'opère à partir de l'immeuble. « Je me suis imaginé certaines personnes qui y travaillent et qui doivent détenir le savoir de la façon dont ces choses fonctionnent : à quelle heure partent les trains, etc. Il m'a semblé qu'il devait y avoir un code pour lire toutes ces cartes, tous ces réseaux complexes de communication et de transport. Et je trouvais en ce langage défunt qu'est le morse le code parfait pour décrypter le langage technique de la tour. Tout dans Centre Point évoque d'ailleurs le morse », remarque justement Wyn Evans : l'immeuble se situe au numéro « 010 » sur la carte de Londres, ses lettres O et le I rappellent les deux chiffres clés du morse, 0 et 1. « Psychogéographiquement, cela a du sens. Il faut oublier la réalité immédiate des choses, créer un peu de rêve, de détournement… »

L'art de Wyn Evans peut se comprendre comme une interrogation des données *a priori* de notre perception des choses, ses œuvres questionnant toujours le contexte dans lequel elles sont exposées – musées, galeries, espace public. « Une œuvre est toujours une disposition, dans un lieu précis. En projetant des phrases de Merleau-Ponty dans le paysage urbain, j'ai voulu montrer comment, dans un autre contexte, un texte peut prendre un tout autre sens. »

Il parle aussi de l'« aliénation délicieuse de l'ailleurs », ses voyages incessants à travers le monde, à la recherche du « Je est un autre » rimbaldien. Comme cette soirée à Tokyo où il vécut ce qu'il décrit comme une « révélation », en haut d'un immeuble similaire à celui de Soho : « Je vis alors la ville briller de tous ses feux, tel un être vivant, un organisme qui communiquait en des sortes de codes cryptés. Et j'ai alors compris une chose cruciale : aucun code n'est jamais immédiatement donné. Il est toujours le reflet d'une tradition, d'une culture, chargé de signifiants. La majeure partie de mon travail au cours des dix dernières années s'intéressa dès lors aux signifiants, à la relation entre le sens et la signification des choses dans le langage et dans leur contexte, et à la façon dont le langage se révèle à travers la lumière. C'est ce jeu entre la lumière et le langage qui m'a fasciné dans *"Meanwhile... Across Town"*. » Hormis Tokyo, il adore Paris, habillé comme il l'est des pieds à la tête à la mode des années 1950 de Saint-Germain-des-Prés. Il cite Jean-Paul Sartre, Simone de Beauvoir, Georges Bataille, ces écrivains français qu'il admire. Et ajoute, perplexe : « Je suis souvent dans une autre époque, un ailleurs... »

Lui est né dans une petite ville du pays de Galles, en 1958. Il évoque « l'horreur des dîners familiaux, l'ennui du quotidien, les conventions étouffantes ». À sa majorité, il prend la poudre d'escampette et met le cap sur la capitale anglaise, évidemment. Il mène une vie de patachon dans la communauté gay de la ville, pendant la fièvre de la fin des années 1970. « Je suis arrivé à un moment unique : 1976, la grande année du punk. Il y avait comme un frisson de révolution dans l'air. » Il découvre les grands groupes de rock, les Clash, T. Rex. Il s'inscrit, un peu par dépit, comme étudiant au St Martins College of Art. « À l'époque, l'art tel qu'il nous était enseigné nous apparaissait à mille lieux de nos préoccupations, une forme d'aliénation bourgeoise qu'il fallait renverser... En même temps, je pouvais ne strictement rien faire sous ce parasol délicieux qu'est une école d'art anglaise. Fumer, lire, boire des verres dans des clubs... » Oisif, décadent, Cerith vit alors à bâtons rompus, dans les bars, boîtes, salles de concerts. Il rencontre Derek Jarman « par hasard, dans un café, par ce genre de coïncidences qui sont faites pour arriver dans une ville comme Londres ». Il se constitue peu à peu « une famille alternative à sa famille biologique ».

… sais que c'est un cliché monstrueux, mais Londres représente … moi la ville dans laquelle les rêves peuvent se réaliser », affirme … qui créa, il y a quelques années, une installation de néons reprenant la phrase de Debord, « Prenez vos rêves pour la réalité ». Il aime emmener ses étudiants et amis dans ses lieux de prédilection : la tombe de Karl Marx, le Museum of Chinese Art, le pont de Waterloo « qu'aimait tant Louis-Ferdinand Céline, le matin, lorsqu'il y plane cette brume… La ville est ainsi constituée des rêves de ses immigrants comme vous et moi, tous ces gens venus ici pour différentes raisons, échapper à leur passé, faire quelque chose de leur vie. Regardez, à l'origine, le mythe des origines de Londres : Dick Whittington[7] et son chat ! Cette idée de l'échange fructifiant, du polymorphisme est toujours très présente dans la capitale. C'est même une ville plus passionnante à vivre aujourd'hui qu'hier ».

7. Sir Richard Whittington fut maire de Londres trois fois et fit fortune grâce à un chat, dit la légende, qu'il recueillit et pour lequel le roi se prit un jour d'affection. Ainsi, alors qu'il n'était qu'un pauvre immigré, le roi le fit maire pour le remercier des services que lui avait rendus son « chat ». (*Cat* signifie en fait également la maîtrise de l'« achat » – vente avec profit, prononcé *a cat* – et évoque également les *cats*, embarcations marchandes pour transporter le charbon. Cf. Peter Ackroyd, *op. cit.*).

LA NUIT

EST CE MOMENT OÙ LA VILLE EST VIDE,

OÙ ELLE PEUT SE RÉVÉLER.

CERTAINES CHOSES DEVIENNENT ALORS

PLUS CLAIRES,

D'AUTRES APPARAISSENT DE FAÇON

INATTENDUE.

Rut Blees Luxemburg
Photographe

REINE DE LA NUIT

Rut Blees Luxemburg photographie Londres, la nuit. Son univers étrange est peuplé de buildings vides, de ponts rouillés, de carcasses de voitures ou d'allées labyrinthiques. Utilisant la lumière qui émane de la rue, des bureaux ou des réverbères, elle révèle grâce à la technique du « *long exposure* » (un temps de pose très long) des éléments du paysage urbain d'habitude invisibles sur une image fixe : un ballet lumineux de voitures, la chute d'une goutte d'eau, le glissement d'un rayon de lune sur l'asphalte.

La jeune femme allemande, qui vit à Londres depuis dix ans, est aujourd'hui l'une des photographes les plus admirées de sa génération en Angleterre. Elle a exposé dans plusieurs galeries londoniennes (Union Gallery, Laurent Delaye) et parisiennes (Dominique Fiat) ; elle a publié trois livres chez l'éditeur d'art Black Dog et présente cet automne un opéra à l'Institute of Contemporary Arts (ICA). Récemment, elle a même été contactée par The Streets, nouveau grand groupe de rap british, pour illustrer la pochette de leur dernier album.

Qu'est-ce que le style Luxemburg ? Ses photographies se présentent comme de grandes planches aux couleurs fortes et sensuelles : cuivre, noir, rouge et vert. Ce monde irréel, attrayant autant qu'inquiétant, évoque les « tableaux parisiens » de Baudelaire. Ainsi de ce cliché, « *Meet Me in Arcadia* », vue aérienne d'un chemin zigzaguant entre des immeubles, éclairé par des réverbères, qui se transforme sous l'œil de l'artiste en paysage fantasmagorique d'une sorte de conte contemporain des *Mille et Une Nuits*.

Se rendre chez Rut relève d'ailleurs du même type d'aventure déroutante. Partis de Barbican, le grand centre où l'on cherchait la trace de Banksy, on s'était enfoncés peu à peu dans un décor industriel assez lugubre et déroutant, le quartier de City Road, parsemé çà et là de chefs-d'œuvre d'architecture moderniste. Assez évasive au téléphone sur le chemin à suivre pour arriver chez elle, Luxemburg semblait chercher à nous perdre dans les dédales de ruelles qui constituent son univers. « J'habite dans l'East End depuis sept ans, nous expliquera-t-elle plus tard, et je suis d'accord avec Iain Sinclair pour dire qu'il existe certaines forces dans ce coin, des catalyseurs d'énergie qu'il vous faut découvrir par vous-même, au hasard. »

Avec le noir comme étendard (son pantalon, sa chemise, ses yeux), Rut est bien une femme de la nuit. Arsène Lupin plus que vampire, elle se réveille à la tombée du jour pour aller explorer la ville endormie et lui voler quelques trésors. Elle boit du Schnaps, parle d'une voix basse, réfléchit longuement avant de répondre. « J'aurais pu rester dans ma province d'Allemagne, où ma famille cultive du vin », commence-t-elle par expliquer. Seulement voilà : les sciences politiques, qu'elle étudia pendant un temps en Allemagne, l'ennuyaient. Londres l'attirait. Elle se mit à explorer frénétiquement la ville de fond en comble, comme si elle avait percé une autre dimension dans la texture du réel.

« C'est comme si elle voyait au-delà de la vision et pénétrait dans un autre état de perception », dit d'elle l'écrivain Michael Bracewell, avec qui elle travailla. Certains ne sortent pas indemnes de cette expérience, comme le philosophe Alexander Garcia Duttman, à qui elle écrit en quatrième de couverture de leur livre *Liebeslied/My Suicides* : « Je ne verrai mes photographies que si tu me donnes tes yeux. Tu dois pour cela te suicider. » Ses photographies ont ce pouvoir, presque magique, de métamorphoser tout ce qu'elles touchent, transformant la ville en une sorte d'organisme, un immense corps qui se nourrit des rêves ou cauchemars de ses habitants. Au final, ce sont de nouvelles manières de naviguer dans la ville qu'elle nous offre. Il suffit pour cela d'être à l'écoute, de suivre ses intuitions, d'observer ses photographies. On entend alors son *Liebeslied*[1], l'ode qu'elle adresse à la ville.

Pourquoi, en tant que photographe, s'intéresser tant au paysage urbain, et notamment à Londres ?

Pour moi, la ville est d'abord quête d'un endroit familier. Un lieu de rencontre, mais aussi un chez-soi (« *Heimlich* »). Si beaucoup de lieux – surtout dans une ville comme Londres – ressemblent plutôt à des non-lieux, il existe également, en marge, des lieux d'apparence anodine, mais qui peuvent devenir un chez-soi si vous savez construire avec eux une relation presque intime, patiemment. Prenez par exemple ma photo *London, a Modern Project* : vous avez l'autoroute, un panneau de signalisation, un parking... Tout cela est assez rigide, des règles vous disant comment utiliser l'espace. Mais il y a également ce petit coin, en marge du cadre, vous le voyez ? Ici, rien n'est prescrit. C'est l'un de ces lieux que peut vous révéler la photographie, et dans lequel vous pouvez créer vos propres règles, jouer, imaginer. Avec mon appareil, j'essaye, en apprivoisant l'espace, de percevoir cette autre dimension – puis d'y entrer.

1. *Liebeslied* : « chant d'amour », en allemand.

Vous interrogez également, dans vos clichés, notre perception du temps.

La photographie est toujours une question de temps. D'habitude, elle cherche surtout à interroger l'instant qui vient juste de disparaître. Personnellement, j'utilise la « longue exposition », cette technique qui permet d'enregistrer et de reproduire sur une photo ce qui se passe durant un certain laps de temps. Mon travail est donc assez opposé à la compréhension usuelle de la photographie. Au lieu de traquer l'instant, je cherche au contraire à en distordre la perception, en illustrant dix minutes de temps qui passe, dans un lieu précis. Le temps est devenu encore plus important dans mon travail récent, qui s'intéresse aux excavations, aux ruines, aux choses du passé qui font toujours partie de notre présent. Le résultat final ressemble à une sorte de collusion de différentes époques, comme différentes couches archéologiques, difficiles à identifier. J'essaye ainsi de brouiller les cartes, d'interroger notre perception de la temporalité.

Vous avez fait un livre en collaboration avec le philosophe et écrivain Alexander Garcia Duttman. Comment s'est passée cette expérience ?

Ce que fait Duttman est très intéressant : dans un récit, il crée des personnages qui sont en fait lui et moi – l'écrivain et la photographe – plus un troisième personnage, appelé « l'amant ». L'amant est le levain créatif qui rend l'expérience possible, fait lever le pain. Ou, dans le champagne, ce qui fait les bulles. Cela dit, notre approche est très différente : en partant de la même expérience, lui parle de la mort (« *my suicides* »), et moi du chant d'amour (« *Liebeslied* »). Nos deux conceptions sont donc très distinctes bien que complémentaires.

Cette complémentarité se retrouve dans l'opéra que vous avez réalisé ensemble, Liebeslied/My Suicides, *où se mêlent sans cesse l'amour et la mort. N'y a-t-il pas là une référence à la tradition romantique, au drame baroque allemand ?*

Oui, c'est indéniablement mon côté allemand. Et puis l'opéra, c'est du domaine de l'exagération, de l'au-delà des limites. C'est également une forme artistique fascinante de par sa capacité à mêler texte, musique et théâtre. Dans cet opéra, les couleurs sont exagérées, les scènes sont comme des instantanés photographiques, des chocs de lumière, d'émotions potentielles. Elles sont aussi ouvertes, je ne me contente pas de dire : « C'est une histoire qui a lieu là. » Dans la réalité, qui sait au fond quelles histoires vont – ou pas – vous arriver ? C'est en cela que ce travail est une ode à une ville. J'y célèbre un endroit ouvert aux possibilités multiples d'histoires, inépuisable.

Dans quelle mesure votre travail est-il transformé par cette ville en particulier ?

Si vous vous trouvez dans un lieu autre que le vôtre, votre perception de ce qui vous entoure est toujours légèrement décalée, et peut même être plus affinée. Vous êtes sensible à d'autres choses ; vous amenez vos propres perceptions, vos souvenirs dans ce lieu. Londres a joué ce rôle pour moi. Enfant, j'ai grandi dans la campagne allemande. À vingt-deux ans, je suis partie étudier au London College of Printing. Ça fait donc dix ans que je suis ici. J'avais pourtant commencé à étudier les sciences politiques en Allemagne, avant de réaliser que la photographie m'intéressait beaucoup plus, qu'elle avait tellement plus de possibilités expressives que la science politique ! Il y a quand même une continuité dans mon parcours, la ville étant l'espace politique par essence. Et c'est précisément ce que j'interroge par mes photographies, surtout dans mon premier livre – *Londres, un projet moderne* : comment entrer dans cet espace, y participer, y apporter sa propre subjectivité ?

Vous prenez toutes vos photos de nuit ?

Là, c'est peut-être à nouveau le romantisme allemand qui parle en moi. La nuit est ce moment où la ville est vide, où elle peut se révéler. Certaines choses deviennent alors plus claires, d'autres apparaissent de façon inattendue. Et la structure de la ville, dans son ensemble, se laisse voir. C'est ce que je veux montrer dans mon exposition prochaine, à la galerie Dominique-Fiat de Paris.

Comment définissez-vous la photographie d'art ?

Ma conception de la photographie et de son rôle en tant qu'art est née d'un voyage. À un moment où je me sentais perdue dans ma vie, je suis allée à Delphes « consulter les oracles », comme le faisaient les Anciens. Vous savez, dans la mythologie grecque, si des questions inquiétantes vous préoccupent, l'oracle (d'habitude une veuve) est là pour vous aider. À vous de décrypter son message, parfois sibyllin. Voici ma conception de la photo d'art : ce n'est pas quelque chose qui vous dit « Suivez le chemin A », mais une *image* qu'il vous faut décoder. Un peu comme le labyrinthe dans lequel vous devez retrouver le fil d'Ariane. Une ville comme Londres la nuit se prête parfaitement à ce jeu de pistes et de décryptages.

Vous avez vécu un peu partout : en Allemagne, au Sénégal, en France. Pourquoi rester à Londres ?

Londres est une ville unique, il y a une bonne communauté artistique ici, très soudée, dans laquelle on crée également pour ses confrères. D'autres artistes ici sont souvent mes interlocuteurs, me donnant un *feed-back* intéressant sur mon travail.

De Nantes à Londres, les paysages urbains que vous photographiez évoquent souvent des destructions, un sentiment de traumatisme, de catastrophe...

C'est vrai. Toutes les villes qui m'ont inspirée ont cette dimension. Par exemple, les ravages de la Seconde Guerre mondiale à Londres. Parce que ces ruines, ces villes récemment détruites portent en elles cette notion de l'éphémère, de ce qui disparaît. Mais ce qui me plaît également, c'est que ce sont des lieux ouverts au changement, des villes en mouvement. Parfois ces deux dimensions, les ruines du passé et les mouvements perceptibles du futur, se rejoignent. J'ai récemment photographié cette colonne antique, qui date peut-être de l'époque romaine et fut découverte par hasard dans un chantier des environs. Voyez comme le futur retrouve le passé.

Pourquoi choisissez-vous toujours des quartiers excentrés de la ville, à la frontière de la banlieue ?

Que pouvez-vous faire dans le centre d'une ville ? Que pouvez-vous faire à Piccadilly Circus ? Tout y est tellement contrôlé, le capitalisme a pris le dessus, il n'y a pas d'espace qui se prête, en tout cas pour le moment, à mon type d'expérience. Pourtant, ces lieux eux aussi vont mûrir, tomber un jour en désuétude. Quelqu'un a dit quelque part : « Les monuments d'aujourd'hui sont les ruines du futur. » Les buildings modernes de Piccadilly Circus, eux aussi, deviendront plus vite qu'on ne le croit des monuments historiques pour les prochaines générations, des symboles du « vieux XXe siècle ».

Le futur urbain que vous photographiez n'est pas toujours rassurant, comme dans cette photo, Tower Inferno[2]*, d'un gigantesque* HLM*...*

Cette photo révèle une de mes aspirations : j'aime grimper, prendre de la hauteur. Je suis souvent sur les toits de la ville, cela me permet de prendre de la distance vis-à-vis de certaines idées reçues. Je m'explique : beaucoup de lieux que j'explore sont censés être des endroits en péril, comme cette grande tour d'habitation que vous évoquez, qui est réputée sinistre et dangereuse dans le quartier. Sur place, toutefois, tout est très différent. On y rencontre des gens qui ont su transformer cet environnement *a priori* défavorable en leur chez-soi et qui s'y sentent bien. Et puis, sous une apparente laideur, peut se dégager un charme inattendu et, lorsque l'on observe de près, par exemple ce building, une certaine beauté architecturale se laisse voir. Il faut toujours « aller y voir » soi-même, de ses propres yeux. J'ai l'occasion, par mon activité,

2. Couverture aussi de l'album du groupe The Streets.

de pénétrer dans des lieux incroyables, fermés au public. C'est une véritable aventure et je découvre des endroits où je ne me risquerais parfois jamais, surtout la nuit, mais c'est toujours une expérience positive de les explorer. Ça me libère.

On trouvera les images de Rut Blees Luxemburg sur les sites www.union-gallery.com et www.galeriefiat.com

ÉCRIVAINS ET ARTISTES CHERCHENT UN POINT DE CONNEXION AVEC UN LONDRES PERDU. LA RÉDEMPTION POUR CETTE VILLE TRAUMATISÉE POURRAIT RÉSIDER DANS L'ÉCOUTE DE VOIES, DE TÉLÉPATHES...

Roger Lockhurst*

* Dans *London from Punk to Blair*, Londres, Reaktion Books, 2003.

SÉQUENCE 4

GARDIENS DE LA MÉMOIRE

IAIN
SINCLAIR
ÉCRIVAIN

RACHEL
LICHTENSTEIN
ARTISTE, ÉCRIVAIN

MINNIE
WEISZ
PHOTOGRAPHE

CONTINUE À AVANCER

ME SUIS-JE DIT,

JUSQU'À CE QUE TU TOUCHES

LE CERCLE EXTRÊME,

LE POINT OÙ LONDRES SE REND

ET ABANDONNE SES FANTÔMES.

Iain Sinclair
Écrivain

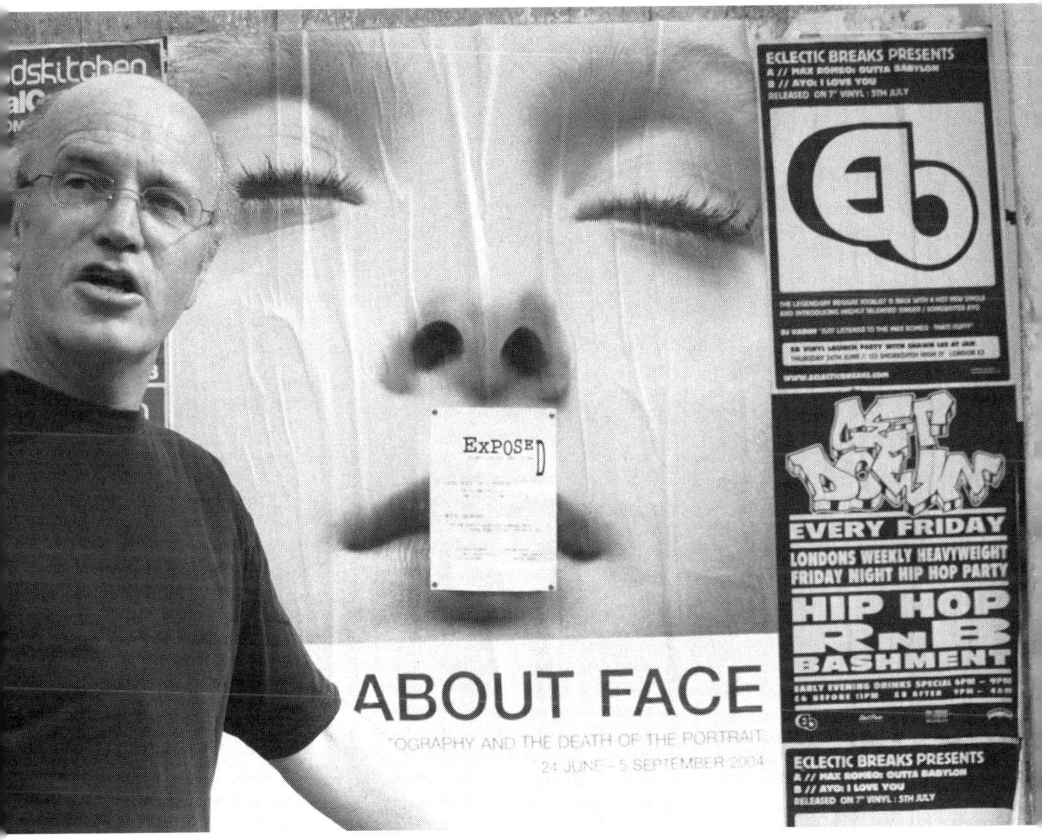
ECLECTIC BREAKS PRESENTS
A // MAX ROMEO: OUTTA BABYLON
B // AYO: I LOVE YOU
RELEASED ON 7" VINYL : 5TH JULY
EXPOSED
EVERY FRIDAY
LONDONS WEEKLY HEAVYWEIGHT
FRIDAY NIGHT HIP HOP PARTY
HIP HOP
RnB
BASHMENT
ABOUT FACE
TOGRAPHY AND THE DEATH OF THE PORTRAIT
24 JUNE – 5 SEPTEMBER 2004
ECLECTIC BREAKS PRESENTS
A // MAX ROMEO: OUTTA BABYLON
B // AYO: I LOVE YOU
RELEASED ON 7" VINYL : 5TH JULY

LE FLÂNEUR CÉLESTE

Albion : Angleterre, à l'origine. Nom d'un récent livre de Peter Ackroyd. Nom, également, de la rue où habite Iain Sinclair à Hackney, est de Londres. Dix heures et demie du matin, rendez-vous chez Sinclair : il a prévu trois heures de balades à la découverte du quartier de William Blake, Shakespeare, Jack l'Éventreur, Gilbert & George. Car telle est la profession de cet écrivain : flâner dans la capitale anglaise – avec ses amis cinéaste (Chris Petit), écrivain (J. G. Ballard) ou photographe (Marc Atkins). Lutter ainsi contre l'érosion de la mémoire urbaine et découvrir ce que la ville nous prépare pour demain.

Avec cette occupation en apparence nonchalante, Sinclair a déjà à son compte une vingtaine de livres (dont, traduit en français, *Le Secret de la chambre de Rodinsky*), plusieurs films documentaires, des grafic novels, un CD audio (avec Bruce Gilbert, bassiste et ancien membre du groupe Wire). Si son *London Orbital* fut l'un des best-sellers de l'automne dernier en Angleterre, l'écrivain n'a pas l'habitude d'une telle publicité. « Je rêve de retourner à ma maison et à mes livres », confie-t-il. Avec sa tenue qui varie entre le kaki de brousse et l'habit de campagne, l'homme ressemble à un ethnologue quelque peu paumé dans la ville, un chasseur de papillons ou d'espèces rares. Une maison style *Wallace & Gromit* : simple, soignée, charmante. Avant sa récente renommée, Sinclair vivait plutôt incognito, connu seulement d'un public relativement restreint de poètes, bouquinistes et cinéphiles (il a un temps hanté les salles obscures de la *National Film Theater*, voyant jusqu'à trois films par jour, à cette époque où « l'expérience du cinéma était encore intimement liée aux volutes de cigarettes que l'on pouvait y fumer »). Malgré sa récente stature de « grand écrivain », il n'a pas modifié ses habitudes d'un iota, ni changé de quartier (contrairement à ceux qui, comme James Ellroy, « posent désormais avec leur chien devant leur belle résidence de banlieue » se moque-t-il gentiment dans *Lights out of the Territory*). Son œuvre d'écrivain et son univers personnel – qui ne sont qu'une seule et même chose – sont peuplés de ces personnages étonnants que l'on ne trouve qu'à Hackney : fous de littérature, trafiquants louches, paumés en tout genre. Certains sont des amis de jeunesse, lorsque, à côté de ses livres, il exerçait les métiers – insolites pour un écrivain – de fabricant de bière ou de jardinier de cimetière, afin d'explorer des zones de la ville qui le fascinaient. « Dans son style, il est incomparable. C'est le Thomas De Quincey des lettres anglaises contemporaines », estime Peter Ackroyd. Sa pratique de la dérive dans la ville le rapproche également des situationnistes de la *London Society of Psychogeography*[1]. Ou, en remontant plus loin, de Walter Benjamin, qui déchiffrait aussi les signes de son époque dans le langage de la ville. « La marche est la meilleure manière d'explorer et d'exploiter une ville, explique-t-il. Une forme de flânerie méthodique doit être adoptée, arpentant l'asphalte en une rêverie alerte, qui permette à un motif sous-jacent d'émerger du décor ambiant. »

L'est de Londres, un quartier où flâner ? On aurait tendance à penser le contraire de ce chaos urbain entre grandes avenues victoriennes et nouveaux quartiers industriels, à quelques pas de l'agitation banquière de la City. Dans son livre *Liquid City*, Sinclair se rappelle comment un Français égaré dans le coin l'avait arrêté pour lui demander : « *Is this London ?* » À quoi Sinclair, après réflexion, avait répondu : « Vous saurez ce qu'est Londres après y avoir marché au moins une heure. » Après donc une heure de marche, nous sommes au cœur de Hackney, dans une sorte d'interzone à la William Burroughs, un *no man's land* où des boutiques fantômes dissimulent, derrière leurs vitrines toujours fermées, des négoces et trafics de l'industrie parallèle. Anciennes fumeries d'opium, labos de fabrication de drogues, négoces de produits divers au noir. Sinclair se prête à son exercice favori de sémiologue : il note et interprète les messages sur les murs, les lampadaires, les enseignes de magasins qui expriment « toute la rancune et la rage d'une population de plus en plus perturbée ». « Ce sont les ravages du règne de Thatcher », précise-t-il en montrant un graffiti « Milk snatcher[2] » sur un mur de Leonard Street. Le jeu de mots fait référence à la suppression par l'ex-Premier ministre de cette tradition merveilleuse, qui voulait que soit distribuée chaque matin une bouteille de lait aux écoliers arrivant dans les établissements publics. Toute la vie du quartier, jusqu'à ses faits divers les plus sordides, s'affiche ainsi sur les murs : « *Anne-Marie + Jackie + Kelly Woz Ere the Alcoholics*[3] » ; « *We're behaving like Insects*[4] » ; « *Miss Bounty Killer + Killer Tits*[5] » ou encore « *Coalition against the Criminal Justice Bill. Rally Wednesday*[6]... »

« Le tag est tout, commente Sinclair. L'art de la rue. Pas de futur, pas de passé. L'enregistrement d'un instant d'inspiration. C'est comme

---

1. Voir le portrait de Stewart Home, p. 166.
2. *Milk snatcher* : voleur de lait.
3. « Anne-Marie + Jackie + Kelly = les alcooliques ».
4. « Nous nous comportons comme des insectes ».
5. « Des seins assassins ».
6. « Coalition contre la criminelle taxe judiciaire ; rassemblement ce mercredi ».

Dalí dans ses années glorieuses, posant sa griffe sur des centaines de feuilles blanches. Un art de vampire warholien. »

Si l'on ne connaît pas l'univers sinclairien, on est tout de même en droit de se poser une question : pourquoi ce quartier – malfamé, complètement excentré, à la limite du glauque – attire-t-il de plus en plus de visiteurs ? « Tout Londres commence ici », me confie Sinclair en guise de réponse, tandis que nous arrivons devant le cimetière de Bunhill Fields, aux portes de l'ancienne ville médiévale. Ici étaient enterrés les bannis, ceux qui n'avaient pas accès au Royaume d'Angleterre, et *a fortiori* non plus à sa capitale. Soit, entre autres, William Blake, Daniel Defoe, de nombreuses victimes de la grande peste de Londres. Ainsi tout ce que l'on peut compter d'hérétiques, anarchistes et autres « *English excentrics* ». Face à la tombe de Blake, un homme a enlevé ses chaussures et remonté ses bas de pantalon, les pieds comme plongés dans une extase spirituelle. Dans les rues environnantes, ici et là, des plaques bleues aux murs rappellent la présence des grands poètes : Chaucer, John Keats, Alexander Pope. Et c'est dans de petits théâtres de quartier (le plus souvent le premier étage de pubs) que Shakespeare fit jouer pour la première fois ses pièces, celles-ci étant alors encore censurées par la monarchie. Tout ce passé, avec son parfum de bohème et de décadence, a attiré les « *young British artists* » (YBA) qui s'installèrent en masse dans les années 1980, en commençant par les deux « mauvais garçons » de l'art anglais, Gilbert & George, qui expérimentaient alors les « vertus créatrices de l'alcool » dans les pubs des environs.

Le quartier présente ainsi un cocktail explosif d'époques et de genres, d'architecture élisabéthaine et d'art contemporain. « Whitechapel est en train de devenir un cliché, un décor de film », déplore néanmoins Sinclair. Comme cela est arrivé il y a vingt ans à Notting Hill, l'ancien quartier bohème de l'Ouest, qui ressemble de plus en plus à l'image qu'en donne *Coup de foudre à Notting Hill*. Un groupe de touristes s'est arrêté devant une maison où, dit un écriteau, « Jack l'Éventreur a commis l'un de ses derniers crimes ». On les suit, par jeu, jusqu'à déboucher sur une église de Tabernacle Street transformée en brocante d'objets religieux, symbole parfait du kitsch du nouvel East London. « *London is no more* », déplore Sinclair.

L'écrivain, malgré tout, s'obstine. Il ne s'arrête jamais. Ses racines irlandaises peut-être, qui le rapprochent de la logique absurde de son compatriote Samuel Beckett : « *Try. Fail. Try again, fail better*[7] », « Échouer, se perdre, prendre des chemins qui ne mènent nulle part… » Aboutir, au bout du compte, sur du neuf, de l'inconnu.

7. « Essaie. Échoue. Réessaie. Échoue mieux. »

Nous quittons Old Street pour nous enfoncer dans le centre et resurgir vers Hackney. « Londres est en fait une succession de petits villages. Hackney, Whitechapel, Shoreditch, Islington : tous ces quartiers étaient autrefois des petits bourgs indépendants (des « *boroughs* »). Et pour passer de l'un à l'autre, il faut toujours franchir ces limbes, zones de transition, insignifiants au sens propre du terme. » Rien n'est à lire sur les murs des buildings glacés de la City. Aucun signe, ni affiche ni programme de cinéma ou d'exposition, presque pas de graffitis. Nous attaquons une sorte d'autoroute souterraine qui passe sous le Barbican Center. « *Close Circuit TV in Operation*[8] » est rappelé un peu partout. « *Big Brother is Watching You*[9] » y répond un graffiti.

Tours gigantesques truffées de satellites, hommes d'affaires pressés, caméras de surveillance, téléphones portables. L'heure minimale, que Sinclair citait en référence au touriste français pour découvrir le vrai Londres, semble désormais s'étendre à l'infini... Tout en s'enfonçant à travers des avenues sans fin, Sinclair évoque Céline. Il admire le *Voyage au bout de la nuit*, mais également *Le Pont de Londres*. Comme Céline, c'est en dérivant sur les bords de la Tamise qu'il prend conscience du temps qui passe, et qui érode ce qu'il aimait. Le titre de son livre *Liquid City* le résume : le fleuve symbolise Londres, son évanescence, sa transformation perpétuelle, sa fuite en avant. « L'archéologie de la mémoire se trouve dans la rivière », explique-t-il en référence à Bachelard. Si les fantômes de William Blake et de Conan Doyle hantent encore ses rives, la Tamise est devenue le symbole du nouveau Londres, fierté du gouvernement Blair qui y inaugura pour l'an 2000 trois bâtiments imposants : le Millenium Bridge, le Millenium Dome, et le London Eyes. L'événement avait tourné au grotesque (on s'en souvient à Londres comme si c'était hier) : le pont Millenium Bridge, branlant, avait dû fermer après deux semaines ; l'énorme roue du London Eyes ne tournait pas ; enfin, le Millenium Dome, devenu un véritable fiasco autant qu'une ruine financière, est sur le point d'être racheté par un homme d'affaires pour être transformé en casino.

Tel est le point de départ de *London Orbital*, le dernier livre de Sinclair : fuir ce faux Londres relooké « New Labour ». Aboutir à ce qui est, peut-être, sa destination ultime : la M 25, le gigantesque périphérique de Londres. « Ça a commencé avec le Dome, explique-t-il dans la préface de *London Orbital*. L'urgence de fuir [...]. Continue à avancer, me suis-je dit, jusqu'à ce que tu touches le cercle extrême, le point où Londres se rend et abandonne ses fantômes. Je dois l'avouer : j'avais développé une obsession malsaine pour la M 25. Ce sinistre collier,

8. « Caméra de surveillance en action ».
9. « Big Brother vous regarde ».

inauguré par Margaret Thatcher le 29 octobre 1988, était-il donc bien la véritable clôture, la frontière de tout ce qui peut être appelé Londres ? » On aurait tendance à répondre par l'affirmative. Car, après avoir franchi toutes ces étapes dans son « pèlerinage », des bords de Hackney à ceux de la Tamise, Sinclair semble être arrivé à un point de non-retour. La M 25 ne peut être dépassée. Mais surtout, errant sans fin le long de ce périphérique à la façon d'un Jean Rolin autour de la « clôture » de Paris, à suivre ce ballet incessant des voitures « gravitant en orbite autour de la ville, comme des mouches autour d'une ampoule », il a découvert la drogue à laquelle la mégapole se shoote : « Le spectacle, monotone mais fascinant, presque hypnotique, de l'éternel retour du même. » L'automobiliste, consommateur béat de son propre spectacle, remplaçant peu à peu le flâneur. « Tel pourrait être notre futur urbain », explique dans l'adaptation cinématographique de *London Orbital* l'écrivain de science-fiction J. G. Ballard à Sinclair.

Terminus, tout le monde descend.

LE DERNIER COMMERCE JUIF DU QUARTIER

EST LA BOUTIQUE

DE PIERRES TOMBALES.

Rachel Lichtenstein

Artiste, écrivain

L'ARCHÉOLOGUE DE LA MÉMOIRE

Le rendez-vous avait mal commencé. Nous avions une heure de retard, due aux aléas du métro (la ligne Hammersmith and City) auxquels les Londoniens, avec leur flegme habituel, sont résignés. Arrivés à Aldgate East, nous avons couru au point de rendez-vous, la *White Chapel Library*. Rachel avait à peine remarqué notre retard, plongée dans son élément, les livres, en particulier un vieux bouquin de photos sur le Londres des années 1930. La jeune femme de trente-cinq ans, à la fois artiste et écrivain, nous a été recommandée par Iain Sinclair, avec qui elle a écrit un livre, *Le Mystère de la chambre de Rodinsky*[1].

« Rachel a une extraordinaire compréhension des rues autour de Brick Lane, ces lieux aux noms vibrants (Buxton Street, Woodseer, Hanbury, Princelet, Fournier, Fashion) », nous avait expliqué Sinclair quand nous lui avions fait part de notre intérêt pour Brick Lane. Immense, serpentant de Aldgate East jusqu'à Old Street, la « rue de brique » (Brick Lane) est considérée comme le summum pour déguster un curry indien à Londres, la rue regroupant une bonne partie des restaurants indiens, pakistanais et bangladeshi de la ville.

C'est d'ailleurs dans l'un d'entre eux que nous emmène la jeune femme, aux *Délices de Bombay*, lieu presque désert en ce début d'après-midi, dans lequel elle a sympathisé avec les serveurs. N'ayant que ce travail comme planche de salut, ceux-ci sont payés – au noir – l'indécente somme de 20 euros par semaine, pour dix heures de travail par jour. Mais c'est un autre aspect du quartier qui avait, à l'origine, intéressé Rachel : celui du Brick Lane historique, de la vieille diaspora juive qui fuit au début du siècle les pogroms de l'Est de l'Europe pour trouver refuge dans l'est de Londres. Au fil des ans, sa (re)découverte de ce passé allait devenir une obsession, de sa thèse à ses portraits photographiques, jusqu'à son livre avec Sinclair. Une Histoire qui allait devenir la sienne, lui apprendre qui elle est, d'où elle vient.

« Je suis née en avril 1969, Rachel Laurence. J'ai eu une enfance calme, marquée essentiellement par mes grands-parents, les parents de mon père, Gedaliah et Malka Lichtenstein, qui ont fui la Pologne au début des années 1930 pour s'installer dans l'East End de Londres. Des

1. Rachel Lichtenstein et Iain Sinclair, *Le Mystère de la chambre de Rodinsky*, Paris, Éditions du Rocher, coll. « Anatolia », 2002.

personnages hauts en couleur, qui me fascinaient et me terrifiaient tout à la fois. Très impliqués dans la politique, ils savaient aussi profiter de la vie, recevant sans arrêt, organisant des fêtes somptueuses. Ils étaient en plus très cultivés : mon grand-père parlait plus de douze langues... J'étais attirée par cet aspect de ma culture juive, que ma génération – autant que celle de mes parents – semblait vouloir oublier. Mon père et ses frères avaient, pour leur part, carrément décidé d'angliciser leur nom de famille». Rachel avait dix-sept ans au moment de la mort de son grand-père. Découvrant ses archives dans son bureau, elle fut alors «prise de panique, comprenant qu'il emmenait avec lui un passé qui allait disparaître». Ce jour-là, elle sauva ce qu'elle put de ses effets personnels, décida de reprendre son nom – Lichtenstein – et de partir à la recherche de ses racines.

À dix-huit ans, Rachel quitte donc ses parents et part étudier les beaux-arts à Sheffield. Première étape dans son voyage vers le passé, elle réalise ainsi le rêve jamais réalisé de son grand-père : devenir artiste. En dernière année, elle décide contre l'avis général de prendre comme sujet de thèse «L'immigration des juifs d'Europe orientale dans l'East End de Londres, et le processus d'assimilation et d'intégration dans leur pays d'accueil». Elle voyage en Pologne, en Israël et aux États-Unis pour rassembler des éléments sur la diaspora juive. Elle entend parler au cours de ses recherches d'une synagogue, au 19, Princelet Street, devenue une sorte de musée de l'immigration et où aurait vécu un certain David Rodinsky, personnage mystérieux, érudit en théologie pour certains, clochard aux activités louches pour d'autres. Le bonhomme aurait disparu un jour, mystérieusement, sans prévenir qui que ce soit. On n'avait jamais retrouvé sa trace, bien qu'il ait laissé sa chambre intacte, comme s'il comptait y revenir le soir même.

«C'était une mansarde poussiéreuse, se rappelle Rachel, qui visita le lieu en 2000, plus de vingt ans après la disparition de Rodinsky. Elle semblait hantée par une présence, comme si son habitant en était parti la veille : le lit était encore défait, des restes de conserves et de vieux paquets de cigarettes traînaient. Sur la *bimah*, les coussins d'un violet fané étaient recouverts de châles de prière, en lambeaux. Des livres emplissaient tout l'espace, études talmudiques diverses, diagrammes cabalistiques, poèmes bizarres... Alors je me suis mise à pleurer. J'avais passé les trois années précédentes en Pologne à essayer de retrouver d'anciens sites juifs. La synagogue de Princelet Street contenait tout ce que j'avais recherché ; elle semblait avoir été apportée là tout droit d'Europe orientale.» Autre signe fort, Rachel apprend que son grand-père avait vécu dans cette même rue, qu'il s'était marié dans la synagogue au-dessous de la chambre, et qu'elle-même serait née à peine quelques jours après la disparition de David Rodinsky. Un signe cabalistique fort, lui explique un rabbin qu'elle rencontre en Israël. Dès lors, Rachel comprend que sa place est là, son rôle celui d'élucider le mystère Rodinsky. Celui-ci devient un *dybbuk* (l'âme d'un mort, qui pénètre le corps d'un vivant, dans le Talmud). Pendant des années, elle va alors chercher des archives, recueillir des témoignages, recouper les sources en quête du disparu.

Dès le début, la tâche se révéla complexe. Il fallut d'abord retracer l'environnement dans lequel l'homme avait grandi, ce quartier populaire, assez malfamé au début du siècle, dont l'histoire n'avait été sauvegardée que dans quelques romans comme *Les Enfants du ghetto*, d'Israël Zangwill. Elle y découvrit l'histoire des vagues d'immigrations successives qui déferlèrent sur Brick Lane : Huguenots, Irlandais et Juifs d'abord, Pakistanais, Indiens et Bangladeshi ensuite. Inutile d'évoquer le nom de Rodinsky auprès des Hindous, Pakistanais ou Irlandais, « ces communautés se sont succédé en s'ignorant mutuellement. Sauf à quelques moments historiques, comme la grande bataille de Cable Street (4 octobre 1936), encore très présente dans les mémoires, où Juifs, Irlandais et dockers s'allièrent pour bloquer la marche du leader d'extrême droite Oswald Mosley ». Rodinsky aurait-il pris part à l'événement ? Difficile de le savoir, son nom n'étant que rarement mentionné dans les livres.

Les témoignages ne sont pas non plus faciles à obtenir. Elle explique avoir rencontré de l'hostilité chez certains membres de la communauté juive qui n'aiment pas qu'on remue un passé douloureux, les attaques racistes dont ils furent victimes à Londres. « Au début du XXe siècle, les Juifs étaient, avec les Irlandais, la cible préférée de l'opprobre public, explique Peter Ackroyd dans sa biographie de Londres[2]. Ils étaient des objets de dérision et de dégoût, parce qu'ils vivaient dans des communautés repliées sur elles-mêmes, qu'immanquablement on se représentait sordides ». Le processus d'anglicisation des Juifs fut, paradoxalement, accéléré par la première génération d'immigrés. Certains des quelque 120 000 Juifs qui avaient trouvé refuge en Angleterre entre 1870 et 1914 ne voyaient en effet pas d'un bon œil l'arrivée des « nouveaux », obstacles à leur intégration, déjà difficile, dans la société. « Ces "anciens" proposèrent même à l'époque la construction dans le quartier d'une école – la Jewish Free School – pour apprendre aux arrivants à être "plus british que les Britishs", selon leur slogan. En commençant par leur interdire de parler yiddish ! »

Ainsi s'est érodée la mémoire juive du quartier, dont ne témoignent plus aujourd'hui que quelques signes épars : murs gardant des inscrip-

2. *Op. cit.*

tions en yiddish, livres en hébreu dans la bibliothèque du quartier, panneaux pour touristes sur l'origine du quartier. « Le dernier commerce juif est la boutique de pierres tombales », remarque-t-elle avec ironie. Entêtée dans sa quête, Rachel sonne pourtant aux portes qui ne s'ouvrent pas, consulte les registres, fait circuler des annonces, écrit aux derniers survivants de l'époque Rodinsky. Elle évoque également le saccage dû à l'arrivée d'une nouvelle population de jeunes *clubbers* ou *ravers* qui envahissent Brick Lane le week-end, devenu nouveau lieu de la nuit. Notamment, ce soir fatidique décrit dans son livre où elle tomba sur des squatters dans l'ancienne synagogue de Great Garden Street.

« C'était un vendredi, le soir du shabbat. À l'endroit où auraient dû se tenir le rabbin et le chantre, un disc-jokey à cheveux longs coiffé d'une casquette de base-ball tenue par d'énormes écouteurs s'employait activement à passer de la musique techno cauchemardesque tout en s'efforçant de rallumer la cigarette mal roulée qui lui pendait au bec. » Elle découvre une autre salle, où se déroule une performance. « Tout étourdie, je pénétrai une nouvelle fois dans la salle de l'ancien Luncheon Club et me dirigeai vers la porte. Sur une estrade, étaient assises deux femmes. Elles se tenaient derrière un grand bureau enfoui sous des piles de vieux livres arrangés d'une façon particulièrement esthétique et attrayante. Je me frayai un chemin à travers tous ces zombies. Les jeunes femmes marquaient les livres avec de gros tampons de caoutchouc, après quoi elles en arrachaient élégamment les pages et les jetaient à terre. Je m'approchai de la table et me mis à examiner les volumes. Des livres de prières anciens étaient éparpillés là, le dos brisé, en équilibre sur une pile de vieux livres de comptes, de registres et autres archives datant du début du siècle. Dans un état de quasi-hypnose, je saisis une brassée de volumes et me dirigeai vers la sortie. Les filles en rose crièrent au scandale et continuèrent à tamponner les livres comme des folles et à les déchirer en lambeaux[3]. »

Ses cris de fureur pour sauver ces reliques vont lui attirer la sympathie et les témoignages de quelques vieillards jusque-là murés dans leurs souvenirs. Elle rencontre ainsi l'ancienne logeuse de Rodinsky, lui décrivant un homme angoissé, fuyant, convaincu d'être l'objet de menaces de mort. Quel secret avait-il trouvé ? Elle ne le saura jamais, mais découvrira au moins sa tombe, dans un cimetière proche. Elle pourra achever d'écrire l'histoire du mystère de Princelet Street.

Après le livre, Rachel est pourtant sans cesse revenue à Brick Lane. Irrémédiablement attirée. Il fallait poursuivre le travail commencé avec Rodinsky. L'élargir à toutes ses communautés, au-delà de ses propres

3. *Ibid.*

attaches familiales, du « ghetto » juif. C'est ce qu'elle dit du nouveau livre qu'elle écrit, une étude sur la rue, telle qu'elle est à l'heure actuelle, s'intéressant autant aux Pakistanais et Indiens qu'aux Juifs ou aux Irlandais. Elle cite *L'Art du voyage* d'Alain de Botton. « Dans un des chapitres, il parle de revisiter des rues familières. Un peu comme Proust et sa madeleine. Marcher dans votre rue comme si vous n'y aviez jamais été. Observer autour de soi, essayer de voir les choses différemment. Or j'avais toujours appréhendé Brick Lane à travers un filtre, obsédée que j'étais par l'époque victorienne et la diaspora juive. Et puis, j'ai rencontré mon mari, qui est d'origine à la fois pakistanaise et irlandaise et qui m'a beaucoup appris sur la culture musulmane. Dès lors, j'ai vu la rue d'une façon tout à fait nouvelle, comprenant l'origine de ces parfums d'Orient, déchiffrant la signification des sons de cithares qui sortent des postes de radio posés sur les fenêtres, ou les paroles du muezzin qui chante de la mosquée en haut de la rue... »

Ce livre sera le premier volume d'une trilogie qui comportera également *Hattons Gardens* et *Portobello Road*, deux autres rues fleuves de Londres. Il se présentera sous la forme d'interviews, portraits, photos, entrecoupés de littérature, essais, poésie ou autres matériaux. « Étant aussi sculpteuse, j'essaye d'avoir cette approche vis-à-vis d'une rue, de sa mémoire : en raboter certaines parties, taillader, petit à petit, pour en extirper une forme. Enfin, j'ajoute à ma méthode une part de spontanéité, d'inattendu. Je suis assez instinctive, et crois autant aux signes du passé qu'aux rencontres avec des gens de chair et d'os, comme pour Rodinsky. Mon mari rit parfois de moi : "Tu marches dans la rue, tu tombes sur quelqu'un ou quelque chose et tu as l'impression qu'il va être un puits de savoir !" Mais je suis vite fixée, je sais quand je suis la bonne piste. » Un détective, au fond, toujours à l'affût d'une piste intéressante ou de témoins clés, comme ce fut le cas pour l'énigme de Princelet Street.

« Dans un sens, le plus difficile est de capter le mouvement dans Brick Lane, car tout va de plus en plus vite. C'est un univers en perpétuel changement, sans réel plan. Et malgré les bénéfices que le tourisme peut engendrer, les minorités ethniques ne peuvent faire face à un autre phénomène, l'installation ici d'un nouveau type de résidants, la jeune middle-class branchée nouvelles technologies, design ou mode, qui souhaite habiter à proximité de la City » (ceux qu'elle rencontra dans la synagogue saccagée). Le phénomène s'inscrit en fait dans le cadre d'une politique générale, dans la ville, de délocalisation des *creative industries* (art, mode, tourisme) vers les quartiers bancaires, comme à Canary Wharf.

Pour finir notre balade, Rachel nous emmène devant une gigantesque fresque murale qu'elle a réalisée avec des gosses du quartier, au milieu de la rue. « Cette mosaïque fut conçue à partir des dessins d'écoliers pakistanais et irlandais. Jusqu'à présent, deux écoles d'enfants pakistanais et irlandais avaient toujours coexisté dans une rue voisine, se faisant face, s'ignorant dans une méfiance réciproque. Cela leur permit de se rencontrer. » Elle persévère dans son œuvre, contre vents et marées. Unique. Indispensable.

J'AI PASSÉ DES JOURS ET DES JOURS

SEULE

ENTRE LES MURS

DE CE BÂTIMENT.

Minnie Weisz
Photographe

ANGE GARDIEN

Certaines rencontres sont d'heureux hasards. Celle de Minnie Weisz semblait placée sous le signe du destin. Ayant à peine quitté Brick Lane, Rachel Lichtenstein et l'histoire de la diaspora juive, nous avions rendez-vous avec cette jeune photographe, également artiste et juive, qui partage avec nos deux premiers « gardiens de la mémoire » Sinclair et Lichtenstein cette tâche difficile d'archéologue de la ville, à la recherche de son passé. Weisz, elle, s'est focalisée sur un lieu précis, à la fois lucarne sur le Londres de demain et cénacle des énergies enfouies d'antan : le Coal and Fish Office, ancien entrepôt pour poisson et charbon, au cœur de King's Cross St Pancras, devenu une bâtisse vide et délabrée, fermée, mystérieuse.

Le building se situe le long du canal qui longe la gare de King's Cross ; Minnie passe devant chaque jour en allant au travail. Le lieu est imposant, avec ses deux ailes curvilignes, ses 50 mètres de haut, son architecture de brique XVIIIe siècle et ses fenêtres condamnées, aux volets fermés, comme un donjon gardant quelque trésor. « J'avais l'impression que ce bâtiment me faisait signe, me parlait. Et en tant que photographe, je ne pouvais passer à côté d'un endroit aussi fascinant. » Elle s'arrête donc un jour, fait le tour de la bâtisse, découvre une porte fermée par un gros cadenas. Elle part à la recherche d'un éventuel gardien, rencontre l'homme chargé de la garde du lieu, qui lui apprend qu'il appartient à une compagnie privée. Quelques coups de fil, et elle convainc les propriétaires de la laisser pénétrer le lieu.

À l'intérieur, une rangée de pièces qui se succèdent sur plusieurs centaines de mètres carrés. Nos voix résonnent en échos lointains. Un escalier de fer, des murs érodés, craquelés par la peinture qui s'en va, créant des sortes de grandes taches aux motifs géométriques complexes. Sur le sol, quelques copeaux de plâtre et des couches de poussière. Une cheminée condamnée. Le lieu impose le silence, la contemplation et cette sorte de recueillement qui vous prend, par exemple, devant une pyramide ou un tombeau ancien. « En pénétrant ici, à l'abri de ces murs, il me sembla presque entendre des voix. Comme si tout un passé refoulé resurgissait. »

Avec un peu d'imagination, on entend le ronronnement des machines, le souffle des ouvriers, les ordres criés par le contremaître.

Le lieu, construit en 1852, traitait le charbon et le poisson venus du Nord de l'Angleterre via l'immense gare de King's Cross. « Le quartier était alors l'une des plaques tournantes du commerce, centre névralgique du Londres de la révolution industrielle. Plein de gens, de bruit, avec de grandes avenues envahies par les voitures et les chevaux de trait, dix gazomètres, constamment en action, produisant des nuages de poussière. » De l'autre côté du canal, on aperçoit le dernier gazomètre en état de fonctionnement, dernier témoin d'une époque révolue. À l'endroit où le charbon était stocké se trouve à présent une boîte de nuit, *The Cross*.

C'est tout ce passé qui suinte par les murs de l'immeuble, dans un silence assourdissant. Minnie l'a entendu. Elle s'est mise à photographier le building frénétiquement, sous tous les angles. « J'essayais de capturer par mon appareil, et d'imaginer ce dont le building avait été témoin au cours de son histoire. Des jours et des jours passés seule entre ces murs. Et soudain, après quelques semaines, c'est comme s'il me répondait. De la lumière pénétrait dans la chambre, par des petits trous des façades émiettées, projetant des images sur les murs intérieurs. Ce qu'il voyait. De même que j'enregistrais avec ma caméra le building et sa mémoire, celui-ci enregistrait et reproduisait ce qu'il percevait du monde extérieur. » La photographe appliqua alors à d'autres endroits cette technique de la *camera obscura*, par laquelle une pièce crée des images en projetant par un trou de lumière ce qu'elle perçoit de l'extérieur dans l'obscurité. Le Coal and Fish devint un appareil se photographiant lui-même.

De cette expérience, sont sortis une exposition de photographies et un livre d'art, *Eye Dream*, qui présente en couleurs de grandes fresques picturales. Un visage d'ouvrier au regard intense ; une femme aux cheveux courts, en tenue de travail, les poings sur les hanches ; un portrait d'homme aux mains croisées : chaque image laisse ainsi entrevoir, reflets pâles projetés sur les murs du bâtiment, les fantômes qui hantent le lieu, femmes, enfants, hommes ou poissons. Ils sont encore là, témoignant de l'injustice dont ils furent parfois victimes dans cet endroit maudit d'exploitation de l'homme par l'homme que fut cette usine au début de la seconde révolution industrielle, époque terrible pour les ouvriers anglais. À l'image de ce poisson, flanqué au milieu d'un escalier (symbole de l'échelle sociale ?), les yeux tournés vers l'objectif et la bouche ouverte, comme indigné.

En préface de son livre, elle cite également une phrase de *La Poétique de l'espace* de Gaston Bachelard : « L'inconscient séjourne. » « C'est par l'espace, c'est dans l'espace que nous trouvons les plus beaux fossiles de durée concrétisés par de longs séjours », écrit aussi le philosophe dans le premier chapitre de ce livre. Le Coal and Fish

Office, machine à voyage dans le temps, nous emmène vers d'autres époques. « C'est pour moi un lieu de mémoire, mais aussi de rêves, précise Minnie. Assez d'Histoire : à un moment il faut savoir s'en défaire pour créer. » Pour composer ses images, elle n'a fait que peu de recherches historiques, préférant se laisser guider par sa propre imagination, son rêve photographique. Telle est la puissance créatrice du Coal and Fish Office, maison bachelardienne, espace intérieur dans lequel se projettent les images du passé.

« Je devins fascinée par le lieu, j'y retourne presque tous les jours. Ma sœur me disait : "Minnie, ce n'est qu'un building ! Du béton, et du fer, et des planches..." Mais sa relation à l'endroit n'a rien de rationnel. « D'une certaine façon, je suis presque "tombée amoureuse" du lieu », confesse-t-elle avec un petit rire. « Son seul nom, affiché au-dessus de la porte d'entrée, m'a interloquée ! "Coal and Fish" ! J'ai laissé de côté le charbon, mais le poisson... J'ai été fascinée par ces poissons. Ses arêtes, son épine dorsale, ses yeux plats... C'est un animal fantastique, mystérieux, avec quelque chose de sexuel. » Ces poissons, elle les placera également, disséminés ici et là, dans les pièces qu'elle photographie. Ses clichés les montrent un peu partout, resurgissant dans le décor. « C'est comme si ces poissons étaient revenus de la rivière, du passé, pour reprendre leur place ici. » Une rivière souterraine coule d'ailleurs, exactement sous le lieu, depuis des siècles. Il est le gardien de la mémoire, le témoin du temps qui passe – avec ses yeux toujours grands ouverts – emporté malgré lui par le courant de l'Histoire. Comme dans ce tableau de Klee, d'un ange, dans lequel Walter Benjamin voyait une allégorie de l'Histoire. « Le building lui-même a une forme de poisson, avec sa queue en arrière et son aspect curviligne. » L'un de ses projets est d'ailleurs un dessin animé, dans lequel le Coal and Fish Office se détacherait de son emplacement pour remonter le temps, comme un poisson.

Architecture, art, photographie, vidéo, mode, poésie... Tous les domaines de la créativité artistique se fécondent dans l'univers de la jeune fille, qui se définit comme une « artiste, même si je n'aime pas trop ce mot ». Dans ses photos, films ou livres, on reconnaît sa signature à ses thèmes récurrents (le symbolisme, le poisson, l'onirisme), son aptitude à percevoir intimement l'atmosphère d'un lieu (elle se balade toujours munie d'un appareil photo ou d'une caméra) et son sens du baroque, qui lui permet de voir, sous une apparente étrangeté, la poésie des objets. Elle fait ainsi des perceptions subjectives de son univers intime une expérience universelle, à l'instar d'une Sophie Calle, qu'elle cite en modèle pour sa capacité à rester méthodique dans le plus trivial enregistrement du quotidien. Garder une rigueur.

Ses parents ne l'avaient pourtant pas destinée à cela. Un père ingénieur, une mère psychothérapeute. Sa sœur, actrice célèbre, la soutient.

« Nous étions censées nous intéresser davantage à la science », se rappelle-t-elle de son enfance. Elle décida cependant de naviguer dans d'autres eaux. Des études à Brighton d'abord, où elle apprend l'allemand et le français. Puis Berlin, juste après la chute du mur, où elle sera assez sensible à l'« aspect industriel, presque sauvage, de la ville ». Revenue en Angleterre, elle étudie le design au London College of Printing, passe une maîtrise au Royal College of Art, fait ses premières armes à *Cheap Dates*, un magazine de mode « anti-mode ». Minnie Weisz sait ce qu'elle veut. Et, sous une apparente douceur, cache un caractère qui ne résiste devant rien. Pas une seconde d'hésitation, par exemple, pour écrire personnellement au magnat américain qui détient entre ses mains le sort du building.

Enfin, la rencontre il y a un an avec le poète Aidan Andrew Dun fut déterminante pour son projet. « À l'origine, mon intérêt pour King's Cross commença avec la lecture de *Vale Royal*, ce poème épique de Dun qui raconte son rêve de transformer la terre sous King's Cross en une ville de canaux. » Le poète, qu'elle interviewe pour le magazine littéraire *Zembla Magazine*, lui révèle l'histoire secrète de la gare et de ses environs : « Il y a une rivière souterraine qui coule, comme un champ magnétique, sous le territoire de King's Cross, explique Dun dans le magazine. Cela a attiré les plus grands visionnaires des siècles derniers : Shakespeare, William Blake, Arthur Rimbaud (qui a écrit *Les Illuminations* à King's Cross et révélé ses mystères dans son poème *Promontoire*). J'ai alors eu cette vision, un soir, au cours d'une tempête de neige tandis que je vivais dans un squat des environs : Rimbaud m'est apparu, sur le toit d'un immeuble à l'abandon, dans Somers Town. Il m'indiquait des références à son texte, dans le paysage urbain. Tout a commencé comme ça. »

Dun est l'un de ces poètes anglais, lyrique autant que symbolique, qui se définit pour son style comme un enfant de William Blake. « Il fut comme une sorte d'ange gardien dans mes recherches, explique Weisz. Il me guida un peu partout, me parla d'astro-énergie, de "chats psychiques"... » Le poète lui conta aussi l'histoire fabuleuse de King's Cross, terre de fées et de fantômes, de héros celtes comme Arthur qui y aurait sorti l'épée sacrée de son socle de pierre, du prince Boudicca qui y mourut avec des centaines de guerriers celtiques. Un lieu sacré, la « Nouvelle Jérusalem », disait William Blake. Un lieu où se trouve la plus vieille église au monde, St Pancras, qui serait reliée à la croix christique (« Pan Cross », en anglais). Comme l'explique l'historien Ackroyd[1] : « Le quartier de la vieille église de St Pancras a toujours été un endroit à l'écart, drapé de son mystère. C'était le terminus traditionnel des

1. Dans son livre *Londres, une biographie*, *op. cit.*

assassins, des suicidés ou des victimes de duels à Chalk Farm, mais ce n'est pas pour autant un lieu de tout repos éternel ; les morts y sont perpétuellement dérangés. Le dernier grand chambardement a eu lieu en 1863, lorsqu'on construisit la gare St Pancras, et qu'il fallut faire passer les voies par là. On déposa les pierres tombales contre le tronc d'un grand arbre qui, depuis, a enroulé ses racines autour d'elles ; de loin, les pierres semblent être les fruits de l'arbre, mûrs, n'attendant que d'être cueillis. »

Au lieu d'un arbre, les fantômes du passé ont aujourd'hui un nouveau lieu où trouver refuge : le Coal and Fish Office. Car le même bouleversement va se reproduire exactement à l'identique, cent cinquante ans après ce que décrit Ackroyd, de la même façon : la construction d'une nouvelle gare, un gigantesque terminal pour le nouvel Eurostar qui accueillera d'ici à une dizaine d'années les voyageurs venus d'Europe par la côte Ouest, l'Atlantique (jusqu'à la péninsule Ibérique), laissant toujours à Waterloo Station le soin de se charger de ceux venant de l'Est (Paris). Déjà, l'ensemble du quartier ressemble à un véritable chantier, sens dessus dessous, promu à devenir le nouveau centre de la capitale, comme en 1863. Dans ce contexte, le Coal and Fish Office est pour sa part condamné par son propriétaire à devenir un centre commercial, un *mall* à l'américaine pour les voyageurs en transit. « Mais cela va prendre des années, ce qui me laisse un peu de temps pour réaliser mon projet », affirme Weisz qui, outre son exposition de photographies, compte réaliser un film sur l'endroit et y inviter des visiteurs, recueillir leurs témoignages. Le temps lui est pourtant compté.

Que lui restera-t-il une fois son Coal and Fish disparu ? Peut-être un nouveau lieu, un nouvel atelier pour rêver... La mémoire de l'espace conserve les traces du passé. « Par les songes, les diverses demeures de notre vie se compénètrent et gardent les trésors des jours anciens. Quand, dans la nouvelle maison, reviennent les souvenirs des anciennes demeures, nous allons au pays de l'Enfance immobile, immobile comme l'Immémorial. [...] Ainsi, nous ne sommes jamais de vrais historiens, nous sommes toujours un peu poètes, et notre émotion ne traduit peut-être que de la poésie perdue[2]. » Il ne nous reste donc plus qu'à citer le poème qu'Aidan Dun a écrit en ode à Minnie Weisz et au Coal and Fish Office :

> Dans une chambre obscure, dans les fondations,
> L'immeuble médite à propos de ce qu'il a capturé
> À travers le ménisque d'un événement – horizon,
> Suçant avec volonté toute lumière en lui,
> Ange annonciateur du trou noir de l'œil de Dieu.

2. Gaston Bachelard, *La Poétique de l'espace*, Paris, PUF, 2004.

Sous une capote sinistre on voit la tête d'un poisson,
Un énorme œil plat qui reluque, à travers une lucarne.
Un employé, à ses heures perdues, photographie,
Menant une existence d'amphibie de la mémoire,
Créant une grande mare océanique d'atavisme vert.

Pourtant, la vision s'améliore toujours, sans fin.
Désormais, les machineurs du dépôt sont des minotaures,
Gémissant sur des tables tournantes des exhalations
de mâles.
Mais les gouttes de charbon sont les larmes des astres
d'antan.
Et elle ne laissera pas les feux envahir ce nouveau Troie[3].

Minnie Weisz cherche désormais un bâtiment à Paris. Pour répondre à son appel, merci de contacter les éditions Autrement.

3. Traduction par l'auteur de ce livre d'une partie du poème *Recording Angel*, publié dans *Eye Dream* de Minnie Weisz.

"QUE SA MAJESTÉ TENTE DONC D'EMPORTER LA TAMISE."

Dicton populaire londonien

SÉQUENCE 5

LES MILITANTS

SARAH
TEATHER
MP (DÉPUTÉE)

TIM
BASTER
DIRECTEUR D'ONG

ESTHER
LESLIE
INTELLECTUELLE, MILITANTE

TARIQ
ALI
ÉCRIVAIN, ÉDITEUR

BRIAN
HAW
ACTIVISTE

LES MILITANTS

« *I fought the law but the law won* », chante Joe Strummer, des Clash, dans l'un de ses morceaux les plus célèbres. La rock-star anglaise la plus populaire des quinze dernières années était un militant qui déplorait les « guns of Brixton » et incitait à la révolte contre l'ordre dominant (*London Calling*). Le Londonien, animal politique ? Si l'on n'est pas trop friand d'action collective en Angleterre, pays libéral plus que républicain, les sujets de Sa Majesté n'ont pas toujours d'autre choix pour défendre leurs droits. Dans plusieurs domaines sociopolitiques (santé, couverture sociale, etc.), l'Angleterre reste en effet la brebis galeuse de l'Europe. Fort peu de chose semble finalement avoir changé depuis l'époque de Thatcher, voire de Dickens. Ainsi, un enfant sur deux vit toujours en dessous du seuil de pauvreté européen à Londres, et les formes d'exploitation des minorités ethniques ou culturelles sont légion. Élus, associations, activistes, intellectuels ou travailleurs sociaux : une partie de la population s'engage directement dans le militantisme.

Graffiti de Banksy.

LA MEILLEURE FAÇON

D'AGIR

POUR MOI DANS CES CIRCONSTANCES

EST DE FAIRE DU BRUIT

D'ÊTRE UNE ÉPINE DANS LE PIED

DE CEUX QUI ABUSENT DE LEUR POUVOIR.

Sarah Teather
MP (députée)

ÉLÉMENT PERTURBATEUR

L'endroit ressemble à première vue à un cabinet dentaire. Une petite maison aux vitres légèrement teintées. Des bureaux sobres, quelques pots de fleurs, des affiches électorales collées à un mur d'un blanc assez clinique, froid. Autour de la maison, une banderole jaune : « *Sarah Teather, Liberal Democrat MP* ». Au siège du Parti libéral démocrate du quartier du Brent, nous avons rendez-vous avec la plus jeune députée de Londres : Sarah Teather. À l'image du lieu où elle officie, Teather est *a priori* loin de susciter l'intérêt des Londoniens – la politique étant souvent, dans la mentalité anglaise, réduite à une tâche administrative, une profession peu enviée, juste nécessaire. La vie publique ne déchaîne pas les foules, l'Angleterre étant l'un des pays d'Europe qui manifeste et vote le moins. Dans son quartier, elle est pourtant très populaire. On aime ce petit bout de femme « qui fait des choses courageuses », comme l'explique un enseignant d'université. La MP a commencé son mandat par des actions modestes mais utiles pour le Brent : sauver les vieilles postes menacées de destruction, s'opposer à la trop importante taxe municipale, favoriser l'intégration des minorités ethniques dans la vie du quartier.

En ce lundi, vers les dix heures du matin, on se dit qu'on n'est pas venu à l'heure idéale. Affairés, les employés du bureau s'activent autour de nous à leurs premières tâches de la semaine, nous dévisageant un peu comme des intrus. Mais c'est le seul créneau que la députée a pu nous accorder, tant son agenda est chargé. Assez pressée, mal à l'aise devant la caméra, la MP nous sourit d'un air un peu las. Elle semble fatiguée de devoir poser, sans arrêt, pour « la photo » – ces photos du Parti que l'on retrouve scotchées un peu partout où elle se doit d'afficher le sourire de circonstance...

Car Teather est devenue la nouvelle mascotte des Liberals Democrats, le parti ayant récemment trouvé en cette femme jeune et énergique un modèle de candidat. Malgré des scores toujours minoritaires aux élections, les « LibDem » se placent parfois comme réelle troisième force politique du pays, même si le système anglais offre peu de cas de report de voix.

Le costume de la députée est d'une coupe très classique, mais paré de fleurs – touche personnelle qui donne un peu de gaieté à la grisaille de son environnement et à la sobriété de sa fonction. On s'assied à un petit bureau, à l'écart. Sarah semble vouloir échapper un instant à son poste de dirigeante. Accorder un peu d'intimité.

D'où venez-vous ?

Je suis née dans le Middlesex. Plus tard, nous avons déménagé à Londres, et depuis c'est devenu ma ville. Je suis partie quelques années travailler à Brighton. Le travail était passionnant, mais Londres me manquait tellement. Toutes mes tentatives pour aller autre part m'ont toujours ramenée ici.

Quelle est la situation des députés à Londres, leur pouvoir ?

Il y a différentes structures en place : d'abord, le pouvoir municipal ; au-dessus le pouvoir régional ; et enfin le pouvoir national. Ils ne se recoupent pas. Moi, en tant que députée, j'ai un autre rôle. Le Parlement est séparé. Malheureusement, je ne suis pas au Council[1], ce serait plus facile (*rires*). La plupart des problèmes soulevés par les gens ici sont sous la juridiction de la mairie.

Comment agir alors ?

En tant que députée, je peux agir sur certaines questions à travers la presse – ou en mettant des sujets à l'ordre du jour au Parlement, comme en France. Mais je n'ai pas le pouvoir d'agir directement sur le déroulement de la vie du quartier. En outre, je suis pour ma part élue personnellement en tant que Sarah Teather, et non en tant que représentant des libéraux démocrates. Je représente d'abord les gens du Brent au Parlement. J'ai choisi d'être une MP très locale. Mes bureaux sont ici, les gens peuvent y venir et me parler quand ils le veulent. Mais en tant que libérale démocrate, je vais aussi parler de nos projets à mon parti.

Un de vos chevaux de bataille est le ramassage inefficace des ordures dans le quartier ?

Oui, car la mairie a mal négocié son contrat avec la compagnie d'éboueurs. Elle a beaucoup de mal à expliquer aux gens quoi faire de leurs ordures, si bien qu'ils laissent leurs ordures dans la rue. Résultat : le quartier est sale, et c'est bien plus onéreux. Nous mettons la pression sur la mairie pour qu'ils agissent.

---

70. La mairie.

Une autre de vos préoccupations est de « sauver les postes locales ». Le gouvernement veut en fermer 3 000 dans les années à venir, à travers Londres...

Oui, un bon tiers d'entre elles sont concernées. On en voit les conséquences dans le Brent : il n'y a plus qu'une seule grosse poste près d'ici, devant laquelle il y a toujours une queue monstrueuse, dans la rue. En été, ça peut passer, mais un peu moins quand il fait froid dehors...

Enfin, au sujet de l'immigration, vous estimez que les lois proposées par le gouvernement ne correspondent pas aux réalités locales.

Oui, il y a une méconnaissance totale des communautés étrangères et de leur situation. Par exemple, deux personnes d'origine étrangère sont venues dans mon bureau me présenter leur refus d'admission sur le territoire anglais. Le Home Office vient de changer les règles d'attribution de la nationalité anglaise. Maintenant, il vous faut prouver que vous parlez bien anglais. La seule qualification qu'ils acceptent est un ESOL, un certificat d'anglais comme seconde langue. Ces deux personnes ont vu leur demande de nationalité refusée, avec une lettre expliquant qu'ils n'avaient pas réussi à prouver que l'anglais était leur seconde langue. Or ils sont tous les deux australiens ! N'est-ce pas ridicule ? L'un des deux a travaillé dans le service public pendant des années ; l'autre avait deux diplômes en anglais, excellemment notés ! Si j'avais eu un seul cas, je me serais dit que c'était un bureaucrate qui avait tamponné le document par erreur avec le mauvais tampon, mais avec deux cas... c'est vraiment incroyable. J'ai donc donné cela au *Guardian*, qui a écrit un papier assez fin à ce sujet. En conséquence, l'un des deux a eu une lettre du Home Office lui expliquant qu'il était finalement accepté.

Quel contact les gens ont-ils avec vous, en dehors de ceux qui viennent vous voir directement ?

Je reçois beaucoup de lettres. Ensuite, je tâche de faire connaître leur problème, par exemple en écrivant dans des journaux – excellente façon de rajouter la pression. Je ne suis pas du gouvernement, je suis une MP de l'opposition, n'agissant pas du tout de la même façon que le gouvernement ou le maire. Souvent, la meilleure façon d'agir pour moi dans ces circonstances est de faire du bruit, d'être une épine dans le pied de ceux qui abusent de leur pouvoir.

Vous condamnez également une discrimination raciale qui sévirait à Londres, en particulier vis-à-vis des musulmans ?

Oui, j'ai parlé récemment au Parlement de cela. Il existe une terrible discrimination raciale dans le Brent, comme dans d'autres quartiers.

Les musulmans représentent 11 % des Anglais pratiquant des religions effectivement enregistrées, mais il faut y ajouter beaucoup de demandeurs d'asile ou de clandestins musulmans. Et le gouvernement a fait récemment plusieurs lois sécuritaires qui placent les musulmans dans une situation peu enviable, le « stop and search » étant la pire d'entre elles. C'est une loi utilisée par la police : ils peuvent vous arrêter s'ils croient que vous portez une arme ou que vous êtes un terroriste.

Comment lutter concrètement contre cette loi ?

J'ai proposé au Parlement un changement du système. Il faut surtout reconsidérer le problème en repartant de chaque communauté. Les Pakistanais en particulier, ainsi que les Bangladeshi, sont beaucoup plus susceptibles d'être discriminés, car ils sont souvent plus pauvres, plus exposés, dans des quartiers défavorisés.

Comment organisez-vous votre temps ?

Ma semaine est divisée en deux. La moitié du temps, je suis au Parlement et le reste du temps ici. Je travaille les week-ends. Je fais aussi fréquemment des actions dans les écoles et les bibliothèques, et chaque mois dans un temple ou une mosquée. Ma priorité est d'être ici à plein temps, sur place, et disponible. J'ai donc démissionné de toutes mes autres fonctions pour me consacrer pleinement à mon poste de députée.

Ken Livingstone, avant vous, fut député ici. Il est désormais maire de la ville...

Oui, le Brent peut être un très bon tremplin pour Londres. Ce fut pour lui en quelque sorte un terrain d'entraînement avant de passer à une plus grande échelle. Ken Livingstone a été utile ici, mais je n'approuve pas du tout sa politique en tant que maire. Même si le Brent est une sorte de microcosme de la capitale, avec ses différentes communautés, en tant que maire il devrait connaître l'ensemble de la ville autant que chaque quartier en particulier.

BEAUCOUP DE CEUX QUE NOUS REPRÉSENTONS

N'ONT PERSONNE.

ILS SONT SEULS

FACE À LEUR INFORTUNE.

Tim Baster
Directeur d'ONG

L'AVOCAT DES EXCLUS

Vanessa Redgrave, actrice charismatique du *Blow Up* d'Antonioni, célèbre dans les années 1960 pour son militantisme et son engagement politique en faveur de causes fortes, est récemment (res) sortie de ses gonds. Elle a dénoncé un gouvernement « criminel » et proposé la création d'un nouveau parti politique pour contrer Blair, le Peace and Progress. À l'origine de cette action, un scandale que la femme met au cœur de sa campagne : la détention provisoire dans son pays, depuis le 11-Septembre, d'immigrés n'ayant commis aucun crime. Ce Guantanamo Bay bis s'appelle Belmarsh. Une prison de haute sécurité dans Londres.

Depuis cinq ans, ce sont même des milliers d'immigrés ou de sans-papiers qui furent plus généralement détenus, de manière aléatoire, dans des prisons ou dans des centres de détention. La plupart n'ont pas les moyens de faire appel à un avocat, ne savent pas qu'ils en ont le droit, ne bénéficient parfois même pas d'un avocat commis d'office. Ils ne savent pas non plus ce qu'on leur reproche : de ne pas avoir de papiers en règle ? d'être des « terroristes » ? Dans cette situation, des centaines d'entre eux font désormais appel à une organisation, le Bail for Immigration *Detainees*[1] (BID). Cette organisation a longtemps été la seule à se préoccuper de leur sort, de plus en plus dramatique dans le climat tendu de « War on Terror » qui sévit depuis le 11 septembre 2001 en Angleterre. Basée près de Brick Lane, l'antenne londonienne du BID fait quelque 100 mètres carrés et emploie cinq personnes, plus des dizaines de volontaires.

Tim en est le directeur. À presque cinquante ans, Tim a déjà beaucoup vécu, mais cela fait seulement une quinzaine d'années qu'il fait ce qu'il aime, après avoir travaillé presque vingt ans dans le bâtiment – « un genre de travail que je ne veux plus faire ». À trente-six ans, Tim change donc radicalement de vie, repart étudier à l'université de North London la philosophie, la sociologie, le droit et la civilisation sud-américaine. C'est alors qu'il est contacté par un centre juridique qui a besoin de volontaires pour s'occuper de réfugiés hispaniques, leur expliquer leurs droits. Immédiatement, il dit oui, se souvenant y avoir rencontré

1. « Caution pour les immigrés détenus ».

« des gens bien, qui travaillaient de nuit, comme bénévoles ». Il part ensuite travailler au Refugee Legal Centre, une importante ONG de défense des droits des réfugiés politiques. « Et puis, en 1996, les choses m'apparurent différemment. » Il découvre avec stupéfaction qu'un certain nombre de demandeurs d'asile sont mis directement en prison ou dans des centres de détention, où ils sont maintenus pendant des durées indéterminées. « Dès lors, je me suis engagé dans le combat contre ces détentions arbitraires. »

Tim dénonce un système judiciaire « archaïque et injuste ». Selon la loi anglaise, toute personne qui n'a pas le droit de rester dans le pays peut éventuellement être ainsi détenue pendant un temps indéterminé dans ce type de lieu. Mais savoir si les demandeurs d'asile sont dans leur droit ou pas requiert du temps et « la détention provisoire immédiate est désormais monnaie courante », s'indigne le juriste. « Souvent, les sans-papiers sont détenus là dès leur premier jour sur le territoire, afin d'être au plus vite renvoyés dans leur pays d'origine. Et d'autres personnes, dont les papiers ne sont pas parfaitement en règle, sont désormais parfois arrêtées sans autre forme de procès, après des années de résidence en Angleterre. »

L'événement qui accéléra la création du BID fut la grande grève de la faim de 1996. Des centaines de réfugiés solidaires, dans différents centres de détention, décident alors de jeûner ensemble pour protester contre leurs conditions de détention. Et surtout pour ne pas se faire oublier, eux qui sont parfois laissés des mois sans jugement ni représentation légale. « Le gouvernement venait de couper le budget d'aide d'avocat commis d'office » précise Tim « Ceux-ci ne pouvaient faire leur travail. » Il faut donc trouver des juristes pour les remplacer, défendre les immigrés détenus, aller devant la Cour de justice si c'était nécessaire, et il faut des volontaires pour se mettre en contact avec eux. Tel est l'objectif du BID. Organisation relativement petite, au budget limité, le BID fonctionne grâce à la motivation de ses bénéficiaires et de ses volontaires. Hormis quatre employés à plein temps, beaucoup de volontaires (« des étudiants en droit, des activistes des droits de l'homme, des gens d'Église, des militants ») font tourner les trois bureaux du BID, ainsi qu'un groupe de 25 avocats qui offrent leurs services bénévoles dès qu'ils le peuvent.

Tim reste mystérieux lorsqu'on lui demande s'il est satisfait par ce qu'il fait, et assez évasif sur ses motivations. On sait juste qu'il est père de famille et qu'il aime sa vocation. Pour le reste, il préfère décrire ce qu'il fait. Les faits parlent d'eux-mêmes : « Des milliers d'immigrés sont ainsi détenus. Nous avons même sorti des gens qui avaient moisi deux ans en centre de détention sans pouvoir passer devant la cour ! Mon dernier cas fut quelqu'un souffrant de graves troubles mentaux, détenu depuis vingt mois. Ses bras étaient couverts de cicatrices, et il s'était coupé les veines pour tenter de se suicider.» «Le véritable scandale derrière tout cela, souligne-t-il, est la façon dont l'État se défausse de ses responsabilités». Après les coupes budgétaires de 1996, l'aide légale fut remise à l'ordre du jour par le gouvernement en 2000... pour être encore sévèrement diminuée en avril 2004. Depuis, beaucoup de détenus sont de nouveau emprisonnés, sans bénéficier de représentant légal.

Si l'État ne fait pas son travail, lui « ne souhaite pas d'aide du gouvernement». Le BID bénéficie uniquement du support d'œuvres caritatives privées. «Les droits de l'homme intéressent moins les gens que les ânes ou les renards. Oui, les renards bénéficient d'une très bonne médiatisation en ce moment», ironise-t-il (faisant sûrement allusion à la récente loi sur la chasse, très controversée en Angleterre). Or le BID fait en ce moment face à une situation d'urgence. Ils ont pris en charge plus de 1000 cas cette année, mais ont été obligés de renoncer à aider les trois quarts de ceux qui font appel à eux, par manque patent de moyens. Dès qu'ils le peuvent, ils passent donc le relais. «Quand quelqu'un a une famille, celle-ci se charge de les aider. Les communautés assez soudées de Londres, comme les Bangladeshi ici à Brick Lane, prennent ainsi bien soin des leurs. Mais beaucoup de ceux que nous représentons n'ont personne. Ils sont seuls face à leur infortune.»

Le plus souvent, Tim et ses collègues sont contactés directement par les immigrés du centre où ils sont détenus. «Ils nous téléphonent, nous les rappelons, et essayons de les prendre en charge.» Lorsqu'il juge de l'ampleur de la tâche et des limites du BID, on perçoit dans sa voix sa frustration. «C'est un véritable phénomène de masse auquel nous sommes confrontés. Il y a aujourd'hui neuf lieux de détention en Angleterre, et le gouvernement a décidé d'utiliser à nouveau des prisons pour y détenir des immigrés, de manière massive. Pire, les détentions d'enfants et de femmes enceintes se normalisent aussi, dans des conditions souvent terribles. C'est l'une de nos campagnes prioritaires.» Il y a un mois et demi, dans la prison dans laquelle il était détenu, un immigré s'est suicidé. «Ils ont donc bougé tout le monde vers un autre centre de détention, où la même chose s'est répétée...» L'organisation réussit malgré tout dans son action, là où les centres d'aide juridique et organisations humanitaires échouent. Tim réussit à libérer 50 % des détenus emprisonnés qu'il défend. L'alliance d'un arsenal juridique fort et d'un contact privilégié avec les communautés immigrées de Londres permet au BID d'accomplir sa mission. «Notre nouveau projet est d'aider les gens à s'en sortir par leurs propres moyens. C'est plus difficile, mais c'est la seule façon d'aider les 75% de cas que nous n'avons pas les moyens de prendre en charge.» Un travail pédagogique, avec la rédaction annuelle d'un rapport en plusieurs langues, permet aux intéressés de prendre connaissance de leurs droits et des procédures qu'ils peuvent suivre. Autre campagne : l'affichage, dans tous les centres de détention, d'une note demandant aux détenus de témoigner de leur emprisonnement, pour un rapport qui sera remis au gouvernement et à la presse d'ici un an. À long terme, cela dit, « seul un changement des procédures juridiques permettrait de remettre les conditions de détention aux normes internationales dans le respect des droits de l'homme ».

Une question demeure : qu'advient-il des intéressés une fois libres ? Bénéficient-ils de papiers provisoires de séjour ? Rentrent-ils chez eux ? Tim n'a pas le temps de répondre. Et puis, ce n'est vraiment pas le problème, estime-t-il. « Libérons d'abord ces immigrés des prisons, on verra ensuite », dit-il avant de s'excuser. Il a du pain sur la planche.

PEUT-ÊTRE QUE, DANS LE MONDE QUI EST LE NÔTRE,

LA PARANOÏA

EST UNE RÉACTION

FINALEMENT ASSEZ NORMALE !

Esther Leslie
Intellectuelle, militante

FOLLE ET FIÈRE DE L'ÊTRE

Née à Londres le 12 juillet 1964, Esther Leslie enseigne à Birkbeck College, University of London. Membre du comité de rédaction des revues *Radical Philosophy*, *Revolutionary History* et *Historical Materialism*, titulaire d'une thèse sur Walter Benjamin (« *Walter Benjamin, Overpowering conformism* », London, Pluto Press, 2000), elle est spécialiste de l'École de Francfort. À côté de son travail académique, Esther Leslie est avant tout une intellectuelle, quelqu'un qui met ses idées et sa théorie au service de l'action – politique et militante. Elle est l'une des fondatrices du mouvement Mad Pride, une association de défense des droits des malades mentaux. Ancienne punk, elle organise autant de concerts pour Mad Pride qu'elle contribue à donner une assise théorique au mouvement.

Vous militez au sein d'un groupe de défense des malades mentaux, Mad Pride. Quelles sont les origines de ce mouvement ?

Il faut remonter aux années 1980, époque où le gouvernement conservateur décida de fermer une grande partie des hôpitaux psychiatriques du pays. Certains malades mentaux se retrouvèrent alors seuls, livrés à eux-mêmes et à leurs souffrances. Mad Pride fut créé dans ce contexte, en 1999, par un groupe de « *survivors* » ayant eux-mêmes fréquenté les hôpitaux ou suivi un traitement psychiatrique. Il fallait nous prendre en main nous-mêmes. Association indépendante à but non lucratif, elle compte désormais plusieurs centaines de membres (dont, hormis les survivants, des professionnels de la psychiatrie, enseignants ou autres).

Quelles sont vos activités ?

Elles sont de deux sortes. D'une part, il s'agit d'informer un public le plus large possible de la situation des malades mentaux dans ce pays. Nous faisons pour cela des campagnes d'information, des manifestations, des séminaires, des ateliers... Récemment, nous avons publié un livre, *Mad Pride : A Celebration of Mad Culture*, qui a créé une polémique dans les cercles médicaux et psychiatriques britanniques. Constitué des témoignages de malades mentaux décrivant leur vie quotidienne, il a révélé les discriminations dont ils sont victimes, le fossé qui demeure entre la théorie et la réalité. À côté de ces activités militantes et politiques, nous organisons des événements festifs, en particulier des concerts de musique où se retrouver, faire la fête, s'exprimer.

La musique a des vertus thérapeutiques...

En tout cas, elle libère. Dans nos concerts, chacun peut agir comme bon lui semble, jouer d'un des instruments à disposition, crier s'il le veut. On repart des principes dada d'expression spontanée. C'est d'ailleurs une critique qui nous est souvent faite : nous serions trop « légers », « frivoles », donc irresponsables pour traiter d'un sujet aussi grave. Nous, au contraire, nous revendiquons justement de cette légèreté. Et la musique fait partie de la culture populaire, elle sort les malades du ghetto psychiatrique. C'est aussi une façon de montrer que bien que « fous » nous n'en sommes pas moins capables d'être créatifs, organisés, efficaces.

Vous vous revendiquez également du punk ?

Le punk fut un formidable mouvement de révolte et d'émancipation dans l'Angleterre des années 1970, dans lequel se reconnurent tous les exclus de la société et même beaucoup de malades mentaux. Il n'est pas anodin que des groupes tels que les Sex Pistols aient écrit des chansons comme *Mental Health* ou *Unconventional Environment*. D'ailleurs, plusieurs fondateurs de Mad Pride sont d'anciens punks. Nous respectons toujours certains principes punks, comme l'anticonsumérisme (contre l'usage abusif des médicaments), l'autosuffisance (« *Do it yourself !* »).

Pourquoi avoir choisi cette appellation de Mad Pride ?

L'idée même de Mad Pride naquit après la Gay Pride de Londres de 1997. Ce mouvement eut l'intelligence de se réapproprier un mot à la connotation jusque-là négative (*gay*) et de dire : « C'est tout ce dont nous sommes fiers, notre non-conformisme, notre différence ». Or le mot « fou » a lui aussi cette connotation dépréciative. Nous sommes donc partis de là, de cette idée que nous étions « fiers d'être fous ». De plus, nous voulions créer un esprit festif similaire à la Gay Pride, avec des manifestations, des concerts, des carnavals, et garder une part d'humour et d'autodérision avec des slogans provocateurs comme : « Qu'y a-t-il de si génial à être normal ? » ou « La bière comme thérapie ».

Mais la folie est aussi une somme de souffrances, de détresse, de perte de soi, etc. Qu'est-ce qu'être « fier » de cela ?

Évidemment, la folie est souvent une forme de souffrance dont il n'y a aucune fierté à tirer. Mais elle peut également être une exploration des limites de la rationalité dans laquelle nous vivons tous. En un sens, elle

est une forme d'autonomie qui refuse tout type de norme.
Plus prosaïquement, il s'agit de rappeler aux malades mentaux qu'ils ne devraient pas avoir honte de ce qui leur arrive, de ce qu'ils subissent. Afin de combattre le dégoût de soi des malades, nous renversons les termes et déclarons notre « fierté » d'être fous. Comme les Noirs, aux États-Unis, en parlant de Black Pride, puis les homosexuels. Nous nous plaçons dans la lignée de ces mouvements de défense des libertés civiques fondamentales.

Parmi vos campagnes, vous vous battez plus particulièrement contre un projet de loi, le Mental Health Bill, *qui fut déjà rejeté grâce à votre action en 2001.*

Ce projet va de nouveau être présenté au Parlement, en mars. Or, il comporte des propositions absolument scandaleuses, notamment l'« incarcération préventive » de malades n'ayant pas commis de crime, avec l'usage de la dénonciation, sur un simple coup de fil. Et l'instauration de « traitements forcés » pour des milliers de patients, l'obligation de prendre les médicaments qui vous sont prescrits, jusqu'à ce qu'on vous force à les avaler. Cette pratique est désormais envisagée non plus seulement dans les hôpitaux (où l'on peut comprendre l'usage de la médication forcée dans certains cas), mais au domicile même des malades. Pour notre part, nous insistons sur deux choses : d'abord, le fait que les personnes souffrant de troubles psychiques comprennent parfois leur situation, connaissent le type de remède qui marche sur eux, et – s'ils refusent un traitement – c'est parce qu'ils savent *par expérience* qu'il ne sera pas efficace ; ensuite, la qualité de ce type de médicaments est exécrable en Angleterre.

Vous affirmez même que « ce projet sert surtout les intérêts des sociétés pharmaceutiques » ?

C'est le plus concret et le plus choquant. L'État se désengage de son devoir de santé publique au profit des lobbies pharmaceutiques qui font d'énormes bénéfices. Or certains de ces produits, insuffisamment contrôlés, se révèlent extrêmement dangereux, *après coup*. Ce fut récemment le cas avec l'antidépresseur Seroxat®, qui fut retiré du marché après avoir fait des ravages. Un véritable scandale. On trouve de même à Newcastle des familles entières sous Prozac®, des enfants aux grands-parents. *A contrario*, notre argument est que le meilleur type de traitement si l'on est en détresse psychique peut être d'avoir quelqu'un pour vous écouter, vous parler. Mais les psychiatres coûtent trop cher à l'État. Et il est plus facile de vous prescrire des pilules qui vous rendront dociles, ne vous permettront pas d'extérioriser vos peurs que de vous confier à quelqu'un.

Comment vous battez-vous contre ce projet ?

Il faut maintenir la pression. Nous avons organisé une manifestation et une campagne d'information ce mois-ci. Par nos efforts et ceux de plusieurs associations et psychiatres, le projet fut déjà ajourné une première fois. On peut à nouveau le mettre en échec. La *Mental Health Alliance*, coalition d'associations d'aide aux malades mentaux, s'est montée à cet effet. Son directeur a rappelé comment cette loi allait « mettre les services de psychiatrie à genoux ». Et Mike Shooter, président du Royal College of Psychiatrists, a déclaré qu'il ne « respectait pas les droits fondamentaux de la personne humaine ». Le sujet redevient du même coup d'actualité ; la presse s'y intéresse de près.

En Angleterre, des artistes se sont souvent revendiqués comme « fous » (Boy George, Sid Vicious, etc.) La folie entretient-elle un rapport particulier à l'art dans ce pays ?

D'une certaine façon, oui, comme une manière de s'exprimer dans un environnement conservateur. Cela recoupe le cliché de l'« Anglais excentrique ». Vous avez des artistes qui se définissent comme « excentriques » pour se libérer, pouvoir faire ce pas de côté, et affirmer leur créativité. Cela dit, dans le monde du show-biz anglais, un autre type de folie – bien plus dramatique – vient de la nature même du star-system et de la pression qu'il fait peser sur ces stars, de l'illusion qu'il leur donne d'être des demi-dieux. Quand les choses ne vont plus aussi bien, leur monde s'écroule. Et leurs souffrances psychiques sont mises à nu.

Plus généralement, quels préjugés demeurent au sujet des fous, en Grande-Bretagne et en Occident ?

Je pense qu'il existe essentiellement deux types de préjugés. D'une part, une discrimination (et même une diabolisation) des malades mentaux due à une vision caricaturale de ce que signifie « être fou ». Dans ce pays, certains médias véhiculent une image caricaturale des malades mentaux, et l'on trouve dans les tabloïds des titres tels que : « Fou courant dans la nature, avec une hache ». Désormais, certains malades n'osent même plus admettre qu'ils ont des problèmes psychiatriques, de peur de passer pour des pervers.

D'autre part, la Grande-Bretagne est le pays le plus surveillé au monde. Les chiffres l'attestent : nombre de caméras de surveillance, pistage des téléphones portables, des numéros de cartes de crédit, etc. J'ai examiné dans les années 1970 des témoignages de schizophrènes. C'est très révélateur. Leur première psychose était qu'ils étaient filmés – que la télévision les observait. Aujourd'hui, nous avons tous été mis dans cette situation d'une certaine façon. Il suffit de regarder la télé-réalité. Nous sommes devenus paranoïaques, c'est notre psychologie par défaut :

quelqu'un nous observe sans cesse. « *Big Brother is watching you !* », comme le disait déjà notre compatriote Orwell.
Enfin, le 11-Septembre a instauré un climat de peur en Occident. Certains en ont profité pour faire passer des lois sécuritaires qui remettent en question les acquis lentement gagnés depuis les années 1960 pour la défense des malades mentaux. On a fait un énorme bond en arrière, comme si l'antipsychiatrie, Foucault, Deleuze et Guattari n'avaient pas existé. On se rapproche au contraire plutôt du « panopticon » de Bentham, décrit dans *Surveiller et Punir*. Il y a donc un paradoxe étrange : peut être, dans ce contexte, la paranoïa demeure-t-elle une réaction finalement assez saine ! C'est déjà ce que disait Deleuze dans *Capitalisme et Schizophrénie*.

En tant qu'universitaire, est-il problématique pour vous d'appartenir à Mad Pride ?

Oui, c'est un réel problème. Le discours académique se doit d'adhérer à des notions de logique et d'argumentation rationnelle. Il y a donc une certaine tension, si l'on veut faire exploser cette forme de rationalisme. On est à l'extérieur du cadre, de ce qui est attendu et acceptable. À l'inverse, dans Mad Pride, mon rôle d'intellectuelle n'est pas toujours bien compris. Le mouvement en est encore à ses débuts, plus dans l'action que dans la réflexion. Il nous reste à définir plus précisément notre propre théorie – quelque chose qui serait dans la lignée de l'antipsychiatrie de Ronald D. Laing.

Justement, quel est le futur de Mad Pride ?

Hormis la lutte contre le Mental Health Bill, nous prévoyons cette année un événement, « Mad Chick[1] », dans une campagne d'information qui révélera les besoins spécifiques et surtout les menaces qui planent sur les femmes utilisant les services psychiatriques (notamment les abus sexuels dont elles sont, trop souvent, victimes dans les hôpitaux). À long terme, nous souhaitons aussi nous développer à l'étranger. Il y a déjà plusieurs organisations autonomes, Mad Pride ou affiliées, aux États-Unis et dans des capitales européennes[2].

---

1. Appellation ironique : « chick » signifie *chicken*, poulet.
2. Pour plus d'informations, cf. www.militantesthetix.co.uk et www.madpride.co.uk ; et l'ouvrage *Mad Pride : A Celebration of Mad Culture*, London, Chipmunkapublishing, 2000.

« Dans notre société de consommation, nous sommes de plus en plus aliénés par le fétichisme de la marchandise ». Esther Leslie.

LE SUCCÈS AUX ÉTATS-UNIS DE LIVRES
COMME CEUX DE NOAM CHOMSKY EN TÉMOIGNE :

ON NE PEUT PAS IGNORER LE PASSÉ

ET, MÊME DANS UN PAYS TRÈS RÉACTIONNAIRE,
DEMEURE UNE CONTRE-CULTURE :

CELLE QUI LIT.

Tariq Ali
Écrivain, éditeur

ALI LE MAGNIFIQUE

Le nom devrait d'abord évoquer des souvenirs à ceux qui ont vécu Mai 68. Tariq Ali fut l'une des figures du mouvement en Angleterre, immortalisé par la chanson *Street Fighting Man* des Rolling Stones. L'écrivain pakistanais fut un des premiers à éditer Sartre en anglais. Un homme de convictions, « fidèle à ses rêves de jeunesse », dit de lui la poétesse anglaise Sarah Maguire. Un homme d'idées, à la tête de la *New Left Review*[1] et de la maison d'édition Verso, bastion de résistance situationniste dans l'empire ultralibéral de l'édition anglo-saxonne. Un homme d'action enfin, que l'on a vu haranguer la foule lors des manifestations anti-Blair, ou provoquer des remous sur la BBC. Son livre *Bush in Babylon* évoque le poète irakien Saadi Youssef, son compagnon d'exil. Ali a dû quitter le Pakistan adolescent pour trouver refuge en Europe. Il se dit toujours hanté par un même cauchemar : il est un Peau-Rouge poursuivi par ces Yankees qu'« il voyait toujours triompher, enfant, dans les westerns ». Il se souvient de ses années de vaches maigres, lorsque ses amis de la gauche radicale se convertissaient peu à peu au New Labour. Ali aurait pourtant aujourd'hui de quoi se réjouir : avec une œuvre prolifique (cinq romans et de nombreux essais traduits à travers le monde[2]), il est désormais un auteur phare, passeur entre deux cultures. Son œuvre littéraire s'est vu consacrée, le 21 septembre 2003, par son discours de clôture de la « Sebald Lecture on the Art of Literary Translation » au Queen Elizabeth Hall. Tariq Ali n'a cependant rien d'un dinosaure. Il est même devenu un modèle pour la nouvelle génération. Son discours « Not in our name », prononcé à Hyde Park lors de la manifestation pacifiste du printemps dernier, a été remixé par le groupe de hip-hop Asian Dub Foundation.

Dans votre dernier livre, vous décrivez votre enfance au Pakistan, et l'éveil de votre conscience politique.

J'ai grandi dans un pays qui venait de se libérer de la mainmise de l'Empire britannique, pour mieux tomber sous la tutelle des États-Unis. En 1954 ou 1955, j'ai lu dans un journal qu'un Noir américain, Jimmy Wilson, allait être pendu pour avoir volé un dollar. J'étais encore à

1. *La New Left Review* est la principale revue théorique de gauche en Angleterre.
2. Récemment traduits : *Le Choc des intégrismes : Croisades, djihad et modernité* (Paris, Textuel, 2000) ; *À l'ombre du grenadier* (Paris, Éditions Complexe, 2003).

l'école, j'ai dit à un de mes amis : « Tu as vu ça ? » Nous décidâmes d'organiser une manifestation et, le lendemain, nous étions devant le consulat des États-Unis. Le consul vint nous voir, très arrogant, et nous demanda de « rentrer chez nous », que « ce n'était pas nos affaires ». Il a ensuite noté nos noms et nous a dit : « Je vais vous dénoncer. » Ce fut ma première rencontre avec un représentant du gouvernement américain, un incident très instructif.

Vous avez dû fuir en exil pour Londres, où vous êtes devenu l'une des figures de Mai 68 avec votre revue Red Mole.

J'étais un activiste, je courais de graves risques au Pakistan – qui s'était transformé en une dictature militaire. Mes parents m'ont donc envoyé en Angleterre où je me suis lié aux militants de gauche. Nous avons lancé le magazine undergound *Black Wolf* le 1er mai 1968, à peine dix jours après l'explosion en France. Il devint vite le journal du mouvement en Angleterre, extrêmement populaire et lu jusque dans les prisons au Mexique. À cette époque, toute une génération s'enflamma pour la politique. Tandis qu'en France les cinéastes de la Nouvelle Vague (Godard, Marker) devenaient des porte-parole du mouvement, en Angleterre, ce furent plutôt des musiciens qui jouèrent ce rôle. Ainsi, le jour précédant la grande manifestation contre la guerre du Vietnam, Mick Jagger me dit qu'il avait écrit une chanson pour moi[3] que la BBC refusait de passer. Plus tard, John Lennon s'est rallié également à notre cause, après que nous l'eûmes interviewé pour la revue (qui était devenue *Red Mole*). Il me téléphona le lendemain et me dit : « J'ai été tellement inspiré par cette interview que j'ai composé une chanson pour le mouvement, cela s'appelle *Power to the People*. » Et il s'est mis à me la chanter au téléphone. Ce fut une époque unique, je ne regrette rien.

Vous vous définissez comme un « musulman non musulman ».

J'essaye par cette formule d'expliquer qu'il est possible de faire partie d'une culture et d'en aimer de nombreux aspects, sans forcément en partager la religion. Cette idée se réfère plus précisément à une formule de l'historien Isaac Deutscher – qui se définit comme un « juif non juif ». Il est néanmoins souvent difficile, pour nous musulmans, d'affirmer notre athéisme et de l'exprimer publiquement. Après cette déclaration, j'ai ainsi reçu beaucoup de lettres de musulmans du monde entier. Certains (surtout ceux de la diaspora) me disaient : « Oui, mais si l'on devient athée comme vous, est-ce que cela ne signifie pas que nous devons abandonner notre identité ? » Pour nous, il faut, petit à petit et à travers des actes comme celui-là, battre en brèche la mainmise du

3. *Street Fighting Man.*

clergé qui estime qu'il a le monopole de l'interprétation des textes de l'islam. Ces textes nous appartiennent à tous, croyants comme athées. Nous avons le droit d'en discuter, voire de les critiquer.

Vos romans se situent souvent au point de rencontre entre civilisations, zones de conflit entre l'Orient et l'Occident : par exemple, dans À l'ombre du grenadier, *l'Espagne arabe du XVe siècle.*

C'est un des thèmes qui m'obsèdent. Quand vous écrivez un roman, beaucoup de choses sortent de votre inconscient. C'est assez étrange, et en même temps très excitant. Je n'essaie pas de plaire à qui que ce soit dans mes œuvres de fiction : j'écris pour moi. Le succès de *À l'ombre du grenadier* nous a beaucoup surpris, mon éditeur et moi. Nous n'avions jamais imaginé qu'il serait un best-seller en Allemagne ou en Espagne. Après ce livre, Edward Saïd m'a même dit : « Maintenant, tu ne dois plus t'arrêter, tu dois écrire toute l'histoire de la confrontation. » Pourtant, dans mon livre suivant, *The Book of Saladin*, je me suis passionné pour les Juifs éclairés du Moyen Âge, ces hommes qui ont eu un rôle dans la préservation de notre culture. Beaucoup d'Arabes s'en sont étonnés. Mais c'est, aujourd'hui, mon seul livre traduit en hébreu.

Vous semblez attacher beaucoup d'importance à vos activités d'éditeur et de directeur de revue.

Je suis lié depuis longtemps à la *New Left Review*, et je pense qu'il est important de garder une telle revue en vie – bien que nous traversions un moment difficile. Lorsque nous avons lancé la maison d'édition Verso, en 1969 (qui s'appelait à l'origine New Left Book), l'un de nos premiers objectifs était de traduire les œuvres d'un intellectuel français encore méconnu ici : Jean-Paul Sartre. Nous avons ensuite traduit Althusser, Lévi-Strauss, Régis Debray, Walter Benjamin. Verso est ainsi devenu le dépositaire dans le monde anglophone d'une certaine culture critique et radicale. Aujourd'hui, l'industrie du livre anglo-saxonne est totalement dominée par les grosses corporations. Comme tout éditeur indépendant, nous rencontrons sans arrêt des difficultés financières. Parfois, je pense que les principaux éditeurs de gauche européens devraient peut-être s'unir. Il faut que subsistent, surtout en période de crise, ces références qui ont gardé un certain sens de l'Histoire. L'une des choses que nous avons perdues durant les années 1980-1990, c'est le sens de la continuité historique. Le postmodernisme méprise l'Histoire, ce qui est une grave erreur. Le succès aux États-Unis de livres comme ceux de Noam Chomsky ou de Michael Moore en témoigne : on ne peut pas ignorer le passé. Et, même dans un pays très réactionnaire, demeure une contre-culture : celle qui lit.

La maison de Tarik Ali, à Highgate.

ÇA FAIT TROIS ANS QUE JE SUIS ICI,

JOUR ET NUIT,

SUR CE TROTTOIR EN FACE DU PARLEMENT

VIENS, TONY,

SI TU T'INTÉRESSES UN TANT SOIT PEU AUX GENS D'IRAK

VIENS DONC VOIR CE QUE T'ES EN TRAIN DE FAIRE !

Brian Haw
Activiste

LA VIE DE BRIAN

« Ça fait trois ans qui je suis ici, jour et nuit, sur ce trottoir en face du Parlement. Viens, Tony, si tu t'intéresses un tant soit peu aux gens d'Irak. Viens donc voir c'que t'es en train de faire ! » Tel est le message lancé par Brian Haw, depuis sa vigie de Parliament Square, aux représentants du gouvernement qu'il voit entrer tous les jours dans le Parlement anglais. Dès le début de la guerre en Irak, ce pacifiste s'est installé dans le parc en face de l'institution. Il n'en a pas bougé depuis, campant sur place vingt-quatre heures sur vingt-quatre, dormant sur des cartons au milieu des voitures qui traversent cette artère souvent bouchée de la ville. Il détient le record historique du sit-in : plus de mille jours passés sur la pelouse.

De près, l'homme ressemble d'ailleurs à un soldat revenant d'un conflit lointain, avec son visage buriné par le soleil et surtout son casque de soldat couvert de badges et sigles pacifistes (« *Give peace a chance* », « *Keep my muslim neighbors* SAFE », « *Peace not war* », etc.) Assis sur une chaise pliante, speaker à la main, il commence par chanter d'une voix vibrante. « Une chanson pour Bassora... Si je pouvais chanter une chanson... Si je pouvais chanter une chanson pour détruire toutes les bombes... Si je pouvais chanter une chanson pour chaque enfant tué d'Irak... » La colère et la fatigue lui font une boule à la gorge. Quelques curieux s'arrêtent une minute, touristes venus visiter le Parlement, prendre des photos des officiers qui paradent. Ses sympathisants viennent aussi fréquemment discuter avec Brian, l'épauler, lui apporter nourriture et vêtements chauds.

Il a choisi son emplacement en face du Parlement, autant dire devant le peuple anglais. Une grande avenue à trois voies les sépare. D'un côté le pacifiste ; de l'autre, les représentants du gouvernement. Ceux-ci ne savent que faire ; certains – rares – vont le rencontrer. Mais cette frontière symbolique entre deux Angleterre (celle qui soutenait la guerre en Irak et celle qui s'y était opposée) est plus difficile à franchir depuis la construction d'un muret de béton, qu'il faut désormais enjamber pour aller sur la place. Apparemment, celui-ci n'a d'autre utilité que d'isoler l'homme davantage.

Simple « troubleur de l'ordre public », Brian Haw, comme l'affirment ceux qui ont tenté de l'expulser de là ? Tout le monde ne voit évidemment pas d'un bon œil son sit-in dans l'un des endroits les plus sacrés de la ville. Deux procès ont été intentés contre Haw, pour « trouble de l'ordre public ». Et le « Terrorist Act », cet ensemble de lois votées après le 11-Septembre, fut même envisagé contre le vigile. Mais la Cour de justice rejeta à chaque fois l'accusation, estimant que la protestation pacifique de Brian ne nuisait en rien à l'ordre public. Et il put reprendre sa place.

Tous les jours, Brian et quelques autres pacifistes continuent donc d'attirer les badauds. Ils lisent dans des speakers les informations sur les atrocités commises en Irak, distribuent des tracts, placent des grandes banderoles pour les voitures qui foncent autour de la place, l'une des plus fréquentées de la ville, l'équivalent londonien de la place de l'Étoile à Paris. La majeure partie des personnes arrivant du train Eurostar par la gare Waterloo passent même par cette place[1]. Par sa persistance et son charisme, Brian est devenu un modèle pour les opposants à la guerre en Irak. Avec ses procès, il est aussi apparu dans les journaux et tabloïds anglais, plus ou moins favorables à sa cause. Lui se fiche de cette publicité, se méfie de la presse, refuse souvent les interviews. Il observe indifférent la foule des curieux qui le pointent du doigt comme s'il était un Quasimodo (il fut même cité dans les « attractions à ne pas manquer » par le *Time Out Londres* !)

Ironie du sort, le jour où nous sommes censés retrouver Brian, il n'est pas là – pour la première fois depuis trois ans ! Il a exceptionnellement quitté son poste pour aller assister à la cérémonie de remise de diplômes de son fils. L'homme semble avoir quelque peu perdu la tête, à force de vivre dans la valse incessante des voitures, le soleil qui tape, la faim et l'épuisement physique. Il tombe parfois dans la solitude pendant des semaines. Acharné, stoïque, il ressemble parfois à l'un de ces héros de Dostoïevski, ces mystiques chrétiens illuminés. « Pourquoi suis-je sur ce trottoir depuis trois ans ? Parce que le gamin de mon voisin m'est aussi cher que le mien, voilà pourquoi. Il est écrit dans la Bible "Tu chériras tout enfant comme le tien". Or l'enfant de mon voisin irakien est en train de se faire massacrer par une guerre qu'il n'a pas voulue. » Autour de lui, des photos d'enfants irakiens, le corps ravagé, brûlé, amputé. Ainsi qu'un texte du mouvement Peace not War qui donne des informations précises sur le sujet.

Sous son allure de bon samaritain, Brian n'est cependant pas né de la dernière pluie. L'homme vient de loin, lui qui a bourlingué toute sa vie, d'Allemagne en Chine en passant par le Cambodge. Une enfance modeste, dans le Nord du pays, à Essex. À vingt ans, il part découvrir le vaste monde, « un long et dur voyage autour de la planète, sans rien

1. La gare Eurostar de Londres.

dans mes poches», évoque-t-il, rêveur. Il y apprend la valeur sans prix de la fraternité, l'entraide dans la misère, la débrouille, et revient en Angleterre, après quelques années, vivre une vie tranquille avec sa femme et sept enfants, en vendant du poisson. Jusqu'à la guerre en Irak.

«Je suis venu ici en juin 2001. Avant même que le scandale de la guerre ne ressorte – ces 100 000 civils tués –, on savait depuis longtemps ce qui se passait réellement. C'est toujours la même histoire, l'histoire des empires coloniaux. Prenez l'Inde : en une soirée, nous, Anglais, avons massacré des milliers de civils, pacifistes indépendantistes, qui s'étaient réunis dans un parc dans une attitude complètement bénigne. Un général anglais fou arriva et tua tous ces gens à la mitraillette automatique. Il fut appelé «Général Marshall» après ça. Il a fallu cinquante ans pour que ça soit officiellement reconnu. Alors, allez savoir ce qui se passe réellement en Irak.»

Pour Brian, au-delà du conflit, c'est l'ensemble de son pays qui est en train de vivre une véritable crise. Il se réjouit pourtant de l'opposition à la guerre et du soutien que lui ont apporté personnellement des milliers de gens, évoquant notamment George Galloway, ancien ministre de Blair, qui démissionna pour se rallier au mouvement anti-guerre, et fut souvent à ses côtés dans les moments difficiles, «l'un des premiers à aller en Irak, pendant le déclenchement du conflit, en tant que député et membre du gouvernement. Sur place, il fut tellement abattu par ce qu'il vit qu'il décida, au lieu de revenir avec un rapport pour le Premier ministre, de revenir avec une petite fille malade. C'était, disait-il, la seule chose à faire. Tout le reste était joué d'avance».

Malgré sa frustration et même son désespoir face à l'enlisement du conflit, Brian pourrait estimer qu'il a, d'une certaine façon, gagné son combat. En effet, même si son geste n'a rien fait pour entraver le cours de la guerre, il a réussi à cristalliser autour de lui les aspirations de tous ces gens venus d'horizons divers, qui composent ce que l'on appelle depuis 2002 en Angleterre le «Mouvement anti-guerre» («*The Anti-War Movement*»). Modèle, sa lutte donne de l'espoir à ceux qui continuent à s'opposer à la politique américaine. Parmi ses sympathisants, il cite également la visite de ce prince népalais, qui l'admire tellement qu'il a décidé de donner son nom à une ville de son pays, dans laquelle son portrait est affiché aux côtés de celui du dalaï lama.

Rocher imperturbable, Haw ne semble pas prêt de déserter son poste, malgré l'approche de l'hiver. Quand on lui demande combien de temps il compte encore rester, il répond simplement : «Aussi longtemps que cela durera. À quel moment abandonnez-vous vos enfants ?»

Quelques semaines après avoir rencontré Brian, nous apprîmes que celui-ci avait, de nouveau, été arrêté. Selon le site www.stuff.co.nz, il aurait été emprisonné pour « s'être opposé à un officier et avoir refusé de quitter le cordon de sécurité que la police avait créé autour de lui, dans une nouvelle tentative pour le faire déguerpir. On le vit à la Cour de justice avec un T-shirt « Aime ton prochain musulman ». Libéré provisoirement, et revenu à Parliament Square, il demeure sous la menace d'une peine de six mois de prison s'il est reconnu coupable d'agression envers un policier. Pour plus d'informations, voir le site www.parliament-square.org.uk (photos, interviews, nouvelles, etc.).

ON ENVIE LES DÉLICES
AVEC LESQUELS
LES HISTORIENS DU FUTUR
DÉCOUVRIRONT LE LONDRES
UNDERGROUND.

Peter Ackroyd

SÉQUENCE 6

UNDERGROUND LONDON

STEWART
HOME
ÉCRIVAIN

SUZY
PRINCE
JOURNALISTE

ROGER K.
BURTON
CRÉATEUR DU HORSE HOSPITAL, DESIGNER

COLIN
NEWMAN
MUSICIEN

DAVID
LEISTER
CINÉASTE

TOM
HODGKINSON
ÉCRIVAIN

UNDERGROUND LONDON

« Il a toujours couru à Londres des rumeurs sur un monde souterrain. On a parlé de cavernes et de tunnels, dont l'un qui relierait la crypte de St Bartholomew the Great à Canonbury, et un autre, plus court, entre le prieuré et le couvent de Clerkenwell. On a découvert des temples romains dans ce Londres « caché ». On a exhumé des statues de divinités antiques. Sous Cheapside, on a découvert seulement à la suite de bombardements pendant la Première Guerre mondiale l'effigie d'un Christ allongé dans une strate de sous-sol londonien[1]. »

L'auteur inconnu d'*Unknown London* rappelle : « J'ai descendu plus d'échelles, pour explorer la ville enfouie, que je n'ai grimpé d'escaliers de la City. » Depuis l'époque punk, Londres est devenu le foyer d'une contre-culture foisonnante et unique. Une vie underground (souterraine) qui favorise un esprit revendicateur et égalitaire, comme si on pouvait sous terre renverser les valeurs en cours à la surface. Le métro en est un premier exemple, lieu éphémère et pourtant crucial à Londres, de par le temps qu'on y passe et l'anonymat qu'il procure, avec sa valse des places et son troc de journaux ou de tabloïds (l'habitude veut que l'on laisse derrière son siège celui qu'on a lu, pour le prochain voyageur).

Mais on pense surtout aux clubs, bars, boîtes de nuit ou autres lieux alternatifs de la nuit, qui se trouvent souvent à proprement parler sous terre, dans des « *basements* ». Échappatoires des journées trop remplies, des bureaux de la City, ces lieux alternatifs sont à l'origine des grands mouvements artistiques ou contestataires qu'a connus l'Angleterre. C'est de là que viennent les Beatles et les Clash, et avant eux les écrivains anarchistes William Blake ou Samuel Johnson. Selon le grand historien de Londres, Charles Knight, on se prend à imaginer que « cette impérieuse capitale des capitales doive jamais devenir ce qu'est devenue Babylone, et on envierait presque les délices avec lesquelles les historiens du futur découvriraient qu'un Londres souterrain aurait survécu[2] ».

1. Peter Ackroyd, *op. cit.*
2. *Ibid.*

Le Horse Hospital de Roger K. Burton.

JE NE SUIS PAS
UN TUEUR À GAGES

Stewart Home
Écrivain

Fully
Licence
Bar
NO
BLOCKING
THE ENTRANCE
SOUL

L'ÉCRITURE PUNK

Écrivain de polar ? Provocateur agit-prop ? Activiste ? Il serait impossible de limiter Stewart Home à une catégorie, tant l'homme est prolifique. Il est aussi partout, d'un bout à l'autre de Londres, découvert dans les interzones du Nord, retrouvé avec Iain Sinclair dans l'Est... Lectures, performances, essais, art postal, tracts, pamphlets, expositions, plagiats créatifs, dénonciations, investigations occultes, on le retrouve aux quatre coins de la ville. Il aurait aussi fait des « *one-man art shows* », organisé une manifestation anti-art, collecté de l'argent pour un Booker Prize[1] des pauvres...

Arrêtons là cette énumération à nous donner mal à la tête, et revenons à du solide : l'œuvre, vaste et diverse, du bonhomme. Traduit dans plus de douze langues, Home est l'auteur d'une centaine de nouvelles, romans, pamphlets, pastiches, potlatchs, essais, disques de spoken-world. Un thème récurrent ressort de ce corpus immense : la ville, omniprésente, comme une condition même de sa littérature. La ville, c'est-à-dire sa ville, Londres. À tel point qu'il revient s'installer dans la capitale aujourd'hui après avoir tenté de refaire sa vie en Écosse. « Home ne peut vivre autre part, nous confirme Pete Hurton, son éditeur de Serpentstail, cette ville, il l'a dans la peau. » Comme quelqu'un aurait une femme dans la peau, mais aussi comme Nadja pour Breton.

« Londres est le véritable personnage de mes romans », confie-t-il lui-même quelque part. Il sait décrire l'étrange beauté des zones industrielles de Canary Wharf, les héros rencontrés dans les bars les plus anodins de Hoxton, l'atmosphère étouffante mais entêtante de certains quartiers louches de la ville : hôtels de passe, immeubles désertés, entrepôts délabrés, cimetières... À coup sûr, le Londres de Stewart Home ne pourrait figurer dans aucun guide ni biographie officielle de la ville ! C'est un univers qui n'a finalement pas tellement évolué depuis Dickens, celui des bas-fonds, de la violence ordinaire, du sexe sordide, des « pintes de bière bues tous les soirs pour oublier ». Son univers est le prolétariat de la ville, dont il se revendique et qu'il décrit sans misérabilisme ni idéalisme, tout en étant constamment préoccupé par la question : comment agir pour renverser l'ordre des choses. Tout cela se trouve dans son

1. Le grand prix littéraire anglo-saxon.

œuvre, ces sortes de romans noirs, polars urbains néanmoins peuplés de personnages étranges, appartenant au régime du fantastique : vampires, revenants et autres praticiens de cultes occultes. Le Londres gothique, qui inspira aussi De Quincey, Poe, Blake, aujourd'hui Ballard.

L'homme a lui-même la réputation d'être un personnage mystérieux, insaisissable, corrosif. Véritable mythe pour certains, arnaque pour d'autres, il « dénie catégoriquement les allégations monstrueuses selon lesquelles il aurait été employé comme tueur à gages », admet cependant qu'il a usurpé l'identité d'écrivains morts et signé avec des complices un roman sous un faux nom pour l'attaquer ensuite dans une campagne de presse. Il prétend aussi qu'Elvis Presley « est vivant, a habité quelque temps dans l'est de Londres, qu'il mange beaucoup de hamburgers et s'est remis à écrire activement ». On ne sait jamais trop avec Home s'il se fout de votre gueule ou vous parle sérieusement. Récemment, il envoya des sosies se faire interviewer à sa place, étant lui-même engagé dans une démarche « anti-establishment » lui interdisant toute apparition publique !

On pourrait donc être en face d'un pur plagiat, un sosie de Home, en cet après-midi de juillet où l'on s'est donné rendez-vous à Soho. L'homme qui arrive est, en tout cas, celui qu'on a déjà croisé sous le même nom quelques semaines auparavant, et qui nous avait emmené dans le pub le plus impersonnel d'Old Street, « seul endroit encore vraiment prolo ». On reconnaît le regard intense, les cheveux rasés et le discours unique – mélange de dialectique hégéliano-marxiste, d'argot popu style Cockney et de références punk.

« Je suis né dans le sud de la capitale, en 1962, commence-t-il dans le récit de sa vie. Je ne me souviens plus trop de mon enfance. J'ai bossé dans une usine pendant quelques mois, quand j'avais seize ans. Depuis, je n'ai plus jamais retravaillé, hormis en vivant de ma plume. » Tel est le portrait bref qu'il dresse, préférant ne pas trop s'attarder sur son cas (sauf dans ses romans). Home est avant tout quelqu'un qui agit collectivement, fidèle aux mouvements d'avant-garde auxquels il participa – de la London Society of Pyschogeography aux « néoïstes », en passant par les Green Apocalypse. « C'est un génie. Il résume à lui tout seul l'avant-garde londonienne des vingt dernières années », estime pour sa part Tom McCarthy, secrétaire général de l'*International Necronautical Society*[2], une autre organisation avec laquelle il a des affinités. On se demande par où Stewart Home n'est pas passé. Il a écrit un essai sur ce sujet et créé son propre mouvement, le « néoïsme ».

Dans un premier temps, c'est le situationnisme[3] qui lui donne les meilleurs outils pour appliquer ses idées radicales à la rue. « J'ai décou-

2. Une organisation mystérieuse alliant espionnage, philosophie et art.

vert tout cela grâce au London Workers Group, à la fin des années 1970. Des communistes, avec des cercles plus libertaires. Quand Debord créa la Seconde Internationale situationniste, il pensa recruter parmi ces gens les bons éléments de la contre-culture anglaise (bien qu'il n'y comprenne pas grand-chose). » Home s'embarque dans l'aventure en se liant à Chris Ray et Donald Nicholson de la London Psycho Geograhical Society, qui sera « exclue » de l'Internationale Situationniste (comme tout le monde) par Debord.

Il n'y a d'ailleurs guère de quoi s'étonner : des King Mob aux Up Against the Wall Mother Fuckers ! de Stewart Home à Malcolm McLaren, John Lennon ou Hanish Kureishi, les intellectuels de la contre-culture anglaise ont toujours été d'une autre culture – non seulement philosophique et politique, mais aussi « *sex, drugs and rock'n'roll* ». Ce qui n'est pas le cas de leurs homologues français : imaginez un Lacan ou un Derrida citant les Rolling Stones ! Plusieurs figures du milieu périrent d'ailleurs tragiquement de l'héroïne, que Home évoque comme « presque omniprésente » à l'époque dans l'underground londonien. Lui a préféré éviter, sa mère Julian Callan-Thompson ayant elle-même été junkie et y étant restée. Il a d'ailleurs découvert, récemment, que sa mort n'aurait peut-être pas été une overdose, mais un assassinat, la jeune mannequin ayant été liée aux milieux mafieux de la ville. Il enquête, et veut écrire son prochain livre sur elle et sur sa vie.

Du Bar Italia, où l'on s'est donné rendez-vous, on déambule dans les rues du Soho rouge dans lequel il traînait durant son adolescence, partageant le quotidien de strip-teaseuses devenues ses copines, leur rejet de la « société de Maggie[4] », qui ne leur offrait aucune chance d'avenir. On s'arrête à l'entrée d'une allée, Berwick Street, (« qui conserve le meilleur de l'atmosphère, avec son marché, son disquaire) avant de remonter vers St James Square, fuyant la marée de badauds qui envahissent les rues étroites.

Soho étonne l'écrivain, qui n'y avait pas mis les pieds depuis un bail. Le « village » présente aujourd'hui un étonnant patchwork de nostalgiques des sixties – gays, punks, avant-gardes chics, noceurs ou junkies (naturellement attirés par le centre-ville), et d'autres marginaux plus trash – sadomasos, gothiques, hard-cores. L'analogie avec le marais se confirme dans Old Compton Street, haut lieu homo de Londres. À vingt ans, Stewart Home préférait pour sa part traîner ses docks et son cuir autour des salles de concert du coin (*The Marquee*, *100 Club*, *Music Machine*), alors qu'il gagnait sa vie comme critique rock. C'était les années 1970, et Stewart Home était un punk pur et dur : allure skinhead, idées révolutionnaires.

3. Sur le situationnisme, voir le portait de Matthew Dearlove, p. 24.
4. Margaret Thatcher.

Son envie d'écrire des romans est apparue alors qu'il vivait à Shoreditch, quartier popu derrière la City, où il s'installa à la trentaine. Il écrit d'abord un premier livre, *Red London*, qui fera sa réputation sulfureuse dans un monde littéraire qu'il fréquente le moins possible. « Le titre de ce livre vient d'une chanson punk. Mon idée, à l'origine, était de faire de la ville de Londres le héros d'une histoire, afin de dépasser la notion sacro-sainte du "héros" ou "personnage principal", cette convention bourgeoise née avec le roman dans l'individualisme du XIXe siècle. D'ailleurs, il n'y a plus de véritables "personnages" dans notre société de consommateurs ».

Retour à la case départ donc aujourd'hui pour Home qui, après avoir traîné sa bosse à droite et à gauche, crapahutant en Italie avec le groupe d'activistes Luther Blisset et se perdant en Écosse avec son (ex-) compagne, retrouve finalement Londres et son quartier favori, auquel il dédie, vingt ans après, son dernier livre – *Down and Out in Shoreditch and Hoxton*[5] « Le livre vient de mon quotidien. En rentrant chez moi, le soir, je vois la prostitution à chaque coin de rue. Or il leur arrive ce qui arrive aujourd'hui aux vieux artisans : des restrictions d'horaires leur sont imposées par de nouveaux habitants. En même temps, leur loyer a augmenté énormément, comme le coût de la vie dans son ensemble. Je me suis dit que c'était une base intéressante pour un roman, en s'inspirant de toute cette littérature qui avait déjà documenté ce sujet dans le passé (avec la littérature victorienne et élisabéthaine, et en particulier Robert Green, qui écrivit les premiers « *crimes stories* »). Et je me suis demandé : que pourrait-il leur arriver aujourd'hui ? Avec la « yuppification », j'ai imaginé qu'elles pourraient former ce gang de vampires qui emmèneraient leurs clients dans le cimetière, où elles s'habilleraient en veuves pour réaliser les fantasmes de veufs attristés. Je l'ai écrit à la première personne, et mon narrateur est une artiste qui s'essaye à la prostitution dans le cadre d'une expérience artistique, mais se trouve peu à peu activement impliquée dedans. »

Pour son style, il cite Georges Perec et l'Oulipo. « J'aime particulièrement leur idée de contrainte stylistique, et me suis de même efforcé de créer des paragraphes de cent mots dans ce roman. » Il est aussi remonté aux « pulp fictions » anglaises qu'il dévorait adolescent (*Skinhead and the Hell's Angels* de Peter Cave, Richard Allen, Alexandre Stewart, Mick Norman...) « Comme ces romans pulps se ressemblent tous, j'en lis parfois six par jour à la British Library, pour essayer ensuite de les sampler en un seul matériau fictionnel. » On attend qu'un éditeur français se décide enfin à le traduire.

---

5. Écho au *Dans la dèche à Paris et à Londres* de George Orwell.

LES GENS SOUHAITENT QUELQUE CHOSE

DE PLUS INDÉPENDANT,

DE PLUS SIMPLE

ET DE PLUS ÉCLECTIQUE

QUE LE MAGAZINE URBAIN GLAMOUR.

Suzy Prince
Journaliste

LONDRES À DÉCOUVERT

Euston, nord-est de Londres. Le quartier est dominé par la gare, l'une des principales de la ville. On sortant du métro, on tombe sur Euston Road, grande artère où errent les passagers en transit, sous le regard amusé des commerçants du coin. Au coin d'un hôtel luxueux, *The Ambassadors*, un passage s'engouffre étroitement vers une place, Woburn Walk, petit îlot de refuge pour une dizaine de cafés, restaurants et antiquaires à l'abri de l'agitation urbaine. Au numéro 10 de la rue, une nouvelle galerie, *The Aquarium*, expose des artistes post-punk (Jamie Reid, Billy Childish, Banksy[1], Jimmy Cauty). Son *basement*[2] abrite désormais *Nude*, un fanzine qui redonne des couleurs à la contre-culture londonienne, reprenant le flambeau laissé trop longtemps éteint des grandes publications de l'underground des seventies comme *Punk* ou *Sleaznation* (dans sa version d'origine). La force de *Nude* réside dans sa passion : passion de découvrir, passion de dénicher les artistes laissés en marge, passion de ses contributeurs surtout pour les sujets qu'ils traitent. « Le seul conseil qu'on leur donne est : parlez-nous de ce qui vous passionne, avec votre propre style et vos mots à vous. » *Nude*, c'est aussi un objet magnifique, au design très léché sans être tape-à-l'œil, qui est en train de faire pour la culture populaire londonienne l'équivalent de ce que la revue de Georges Bataille L'*Acéphale* a fait pour la littérature en France il y a trente ans : un bon coup de balai pour chasser les vieilles perruques. Rencontre avec sa coéditrice Suzy, trente et un ans, lors du bouclage du quatrième numéro[3].

Vous êtes à l'origine de Macclesfield. Pourquoi avoir choisi de vivre à Londres ?

C'est ce que font presque tous les Anglais de la province quand ils le peuvent ! L'exode rural a toujours été très fort dans ce pays. Même lorsque vous vivez dans une petite ville de province, à moins d'aimer ce style de vie, vous montez sur Londres, car c'est là où les choses bougent. Pour ma part, je suis arrivée dans la capitale à vingt-quatre ans, après des études à Newcastle. J'ai débarqué les mains dans les poches, sans le sou ni la moindre idée de ce que j'allais faire... Mon

1. Voir le portrait de Banksy, p. 80.
2. *Basement* : sous-sol.
3. Pour plus d'informations et le magazine en ligne, cf. www.nudemagazine.co.uk

premier job fut « employée pour la London Electricity ». J'ai vite démissionné, déprimée par ce travail répétitif. J'ai ensuite travaillé un an avec mon frère, un designer de mode. J'ai commencé par vendre ses habits sur un étal du marché de Camden, puis nous avons créé notre propre magasin, le *Last Chance Saloon* dans Lower March, une rue marchande du côté de Waterloo. Quand nous sommes arrivés, il y avait encore des personnages excentriques dans ce quartier – motards, artistes, musiciens – qui venaient acheter nos T-shirts trash, nos cuirs ou nos habits vintage. C'était très drôle. Mais nous fûmes vite victimes du problème que vous trouvez partout à Londres : le quartier devint branché, les prix se multiplièrent littéralement par quatre, et tous les pubs que j'aimais disparurent pour être remplacés par des « *dance bars* ». 2001 fut l'année maudite : je me suis cassé le bras ; mon frère ne voulait plus vivre à Londres ; et puis le 11-Septembre arriva, ce qui fut un réel problème pour notre commerce, très lié aux relations avec les États-Unis – enfin, à la contre-culture américaine. Le business dégringola alors de 40 %... et il nous fallut fermer boutique.

Comment en êtes-vous arrivée à vouloir créer votre propre magazine ?

Après le *Last Chance Saloon*, je fis du *spoken word* pendant quelque temps, découvrant davantage la scène poétique et musicale de Londres. Je traînais au Horse Hospital[4], fréquentant des gens comme Steve Lowe et Roger K. Burton. C'est en discutant avec eux que m'est venue l'idée du magazine. Et puis, je suis assez « *mag pie* » : très touche à tout, aimant plein de choses différentes. Un magazine semblait la meilleure façon de mettre toutes ces choses ensemble.

Expliquez-nous ce nom sulfureux, Nude, *et son sous-titre : «* Bold, brash and independent *» (« effronté, intempestif et indépendant »).*

Nous pensâmes d'abord à quelque chose comme London Uncovered, qui évoquait le Londres underground et alternatif qui nous intéresse. Cela sonnait ringard, alors on choisit simplement Nude. Le nom nous plaisait, car il est assez simple et capteur d'attention. Le sous-titre nous définit bien. Il nous est indispensable d'être perçus comme indépendants, et effrontés, osés. Nous essayons de faire quelque chose de plus intéressant que cette « *style culture* » glamour mièvre, en voie de disparition ; ces magazines de papier glacé style *The Face*. Aujourd'hui, à force de trop se répéter, ils sont en crise. Les gens souhaitent quelque chose de plus indépendant et simple, qui ne soit pas du journalisme people, ni tabloïd, ni branché.

---

4. Voir l'interview de Roger K. Burton, p. 178

Quel type de sujet choisissez-vous de couvrir ?

Nous aimons être aussi éclectiques que possible. Il n'y a pas de règle en ce qui concerne le contenu. Si on aime quelque chose, on fera un article. Nous essayons d'être positifs, notre but n'est pas de descendre des gens en flamme. Un vrai fanzine, en ce sens ! Nous avons couvert un très large choix de sujets : le burlesque, Jamie Reid[5], Kid-Acne, cet artiste graphiste de Sheffield, les romans popu anglais des années 1950, les motards légendaires du *Ace Café*, Vince Ray, Frank Kozik...

Créer aujourd'hui un magazine indépendant demeure « l'une des aventures les plus risquées », pour reprendre le titre d'un article du magazine Creative News. *Comment y arrivez-vous financièrement ?*

C'est évidemment très difficile, et je suis encore obligée de travailler à mi-temps, en parallèle, pour subsister. Mais nous commençons à peine, je sais qu'il faut au moins deux ans dans ce métier avant que les choses se concrétisent. Et j'ai de bonnes cartes en main, l'aide et la promotion de la galerie, qui m'a donné un bureau gratuit, plus tout ce réseau de gens – amis, connaissances, personnes avec lesquelles nous avons différentes sortes d'affinités – qui est notre grande force. Toutes ces personnes rencontrées autrefois au *Last Chance Saloon*, désormais à L'*Aquarium* ou lorsque je prends mon chariot de *Nude* pour aller les distribuer aux quatre coins de la ville. En revanche, nous ne demandons aucune aide publique, *Nude* étant beaucoup trop peu politiquement correct pour l'establishment. Il nous faut donc subsister par la publicité. La compagnie Polaroid nous a déclinés, l'autre jour car, nous ont-ils dit, c'était « trop risqué » – ce qui est hilarant quand on sait que Polaroid, le plus souvent, ce sont des gens qui se prennent en photo dans des poses érotiques !

Ne craignez-vous pas, comme ce fut le cas des meilleurs fanzines, de devenir peu à peu trop dépendants de la publicité, au détriment du contenu journalistique ?

Il est trop tôt pour en juger. Mais nous avons, dès le départ, été très conscients de ce danger, c'est la raison pour laquelle nous avons catégoriquement banni de *Nude* des pubs glamour comme Prada, qui rapportent pourtant beaucoup d'argent. On ne veut surtout pas tomber dans le *mainstream*. En même temps, il faut être réaliste, accepter la pub. Mais en la choisissant bien.

---

5. Jamie Reid fut le designer et le réalisateur artistique du groupe de punk Sex Pistols.

La distribution est un des éléments clés du succès d'un magazine indépendant. Comment cela se passe-t-il pour Nude ?

Nude n'a pas besoin, contrairement aux autres magazines, de se ruiner en avances avec la distribution, sur laquelle on a souvent une bonne moitié de retour, et de perte brute. Nous distribuons 10 000 exemplaires dans un certain nombre de lieux comme des cafés, lieux d'art et clubs. Nos deux gros points de vente sont le magasin de musique *Tower Records* et la chaîne de libraires *Borders*. Mais je passe également beaucoup de temps avec mon chariot rempli de magazines, à aller les distribuer moi-même aux quatre coins de la ville !

Quelle est la relation de Nude *avec Londres ? Est-ce une publication purement londonienne, destinée à la communauté underground de la ville ?*

Nous ne voulons pas être limités strictement à l'underground, car nous voulons être lus par le plus de gens possible. Je suis très intéressée par ce que les gens pensent de nous, même ma mère (bien qu'elle n'arrête pas de me répéter : « Suzy, trouve-toi un vrai travail ! »). En même temps, notre objectif est de révéler la richesse d'une certaine culture – ou d'une contre-culture – très active à Londres malgré les esprits chagrins qui prétendent que tout se serait arrêté avec la fin du punk dans les années 1970. Nos articles proposent une autre vision de la ville, un univers en marge, mais tout aussi intéressant. Prenez ce quartier : c'est fantastique, nous sommes presque au centre de Londres, et pourtant des milliers de choses décalées, surprenantes ou démodées subsistent.

Comment voyez-vous l'avenir de Nude ?

Nous ne voulons pas nécessairement rester un fanzine, nous souhaitons nous développer, prendre de l'envergure, passer à un format de 50 ou 60 pages. Ce qui est possible, car nous avons désormais presque 20 000 lecteurs, après moins d'un an d'existence. J'aimerais ensuite, au-delà de Londres, que le magazine soit distribué dans l'ensemble du pays. J'ai décidé cela récemment, lorsque j'ai réalisé que, si j'avais eu moi-même un magazine dans ce genre durant mon adolescence, cela m'aurait incitée à faire les choses que j'ai mis des années à réaliser. Je pense aux filles qui sont dans la situation dans laquelle j'étais alors, dans des villes de province, coupées de la culture qui les intéresse.

AU LIEU D'EXPOSER LES VÊTEMENTS DANS DES VITRINES

ON LES A ACCROCHÉS

À DES SORTES DE POUPÉES GONFLABLES ROSES

SUSPENDUES AU PLAFOND.

Roger K. Burton
Créateur du Horse Hospital,
designer

ÉCURIE SECRÈTE

À Russel Square, au centre de Londres, se trouve ce que certains appellent « le secret le mieux gardé » de la ville. Le *Horse Hospital*, salle qui programme concerts, expositions, films ou poésie, est devenu en quelques années d'existence le haut lieu de l'underground londonien[1]. On y arrive presque par hasard (en sortant du métro, il faut prendre un passage qui débouche sur une petite cour). Sous un mur où s'étalent les lettres HORSE HOSPITAL, une porte rouge s'ouvre sur un corridor, menant vers une sorte de caverne d'Ali Baba, fatras d'objets bizarroïdes – morceaux de papier cramoisis suspendus au plafond par des fils transparents, tableau représentant le lapin de Play Boy, poupée d'un bébé « cuit » dans une boîte à chips KLC... Au rez-de-chaussée, sous une grosse tête de monstre en carton-pâte, on découvre la Contemporary Wardrobe, cette hallucinante collection d'habits rare, une véritable mine d'or pour les costumiers de films et de la mode des trente dernières années. Derrière ces deux joyaux, un seul et même créateur : Roger K. Burton, cet homme « dont la vie peut se lire comme l'histoire secrète de la culture populaire londonienne », écrivait récemment *Nude*[2].

L'homme, la cinquantaine fringante, ressemble toujours à un adolescent avec son sweet-shirt à capuche, son air rêveur et ses baskets Converse All Stars®. Il roule des petites cigarettes de tabac Gauloises, et ne s'arrête de parler que lorsque son téléphone sonne.

Comment avez-vous créé le légendaire magasin PX ?

À la fin des années 1960, j'ouvrais un magasin appelé *Hollywood Fashion*, à Leister. Les Londoniens venaient nous voir pour acheter des fringues. Avec quelques amis, nous décidâmes alors de créer une entreprise, selon l'idée très novatrice pour l'époque de vendre ces habits vintage aux magasins intéressés par la musique et le cinéma autant que par la mode, en nous baladant d'un bout à l'autre du pays. Ce fut un succès, et nous eûmes même beaucoup de commandes de l'étranger. Et puis le punk arriva, et tout à coup plus personne ne voulut de *vintage clothes*. Je ne savais plus quoi faire.

---

1. www.thehorsehospital.com
2. Voir le portrait de Suzy Prince, p. 172.

L'idée me vint alors de créer un magasin de fringues à Covent Garden, dans un vieil entrepôt de fruits, sur James Street. Une grande baraque dont, de l'extérieur, on ne voyait qu'une petite lucarne. À l'époque, j'étais déjà un peu trop vieux pour être dans la mouvance punk, mais j'en appréciais l'esprit. Pour symboliser cet esprit underground, je conçus le design du magasin comme une sorte de bunker ou de sous-marin. Tous les habits étaient dans des cages de fer, qu'il fallait ouvrir pour les essayer. L'atmosphère était très étouffante, oppressante, il fallait se baisser pour entrer, et vous aviez vraiment l'impression d'être sous la mer. Peu après, un jour, je passai par hasard devant un vieux building d'où l'on vidait des objets, tous plus incroyables les uns que les autres : tuyaux, caisses, périscopes, boucliers en métal... C'était, en fait, l'ancien QG du MI5, le ministère des Services secrets ! Le tout ressemblait donc à un PX américain, ces magasins que l'on trouve sur les bases militaires américaines, dans le monde entier, et qui vendent absolument de tout : conserves de petits pois, ceintures de survie, habits de treillis, rasoirs... Le genre de choses que vous ne pouviez trouver en Grande-Bretagne, à l'époque. Dans un style assez noir, industriel. Des habits comme des vestes de cuir, des bottes de motards, etc. On a embarqué le tout et on l'a réaménagé dans notre magasin.

À la même époque, vous vous êtes impliqué dans Quadrophenia, *le film culte de l'underground anglais des années 1960 ?*

Oui. Après quelques mois, j'en ai eu assez du magasin, trop de gens étaient impliqués et voulaient en faire une simple manufacture. Je repartais donc vers mon occupation première : vendre des habits sur les marchés. Un jour, en 1977, j'étais sur Portobello Road, avec plus d'habits des années 1960. Un type arriva et me demanda où je les avais trouvés. Il m'expliqua qu'il travaillait sur un film et me demanda si je voulais en devenir le fournisseur en vêtements. Je rencontrai ainsi Franc Roddam, le réalisateur du film, et leur vendis 90 % des habits. Il réalisa alors *Quadrophenia*, qui allait devenir une œuvre culte du cinéma rock, mettant en scène les Who. Quand le film fut terminé, le producteur me suggéra de louer mes habits pour des films au lieu de les vendre. À l'époque, il n'y avait que deux entreprises dans cette branche, l'une qui couvrait les costumes antiques et médiévaux, l'autre ceux de la Renaissance à la Seconde Guerre mondiale. Je décidai donc de tenter l'aventure, et lançai des *flyers* et des informations à tous les producteurs de films et studios possibles. Pendant un temps, rien ne se passa. Je décidai alors de contacter la presse, notamment un ami qui écrivait pour le *Sunday Times*, et qui trouva l'histoire fantastique. Ainsi, petit à petit, les gens commencèrent à arriver. Un autre réalisateur, Dick Clarke, me demanda de travailler pour lui sur le film *The Birth or the*

Beatles. Et ainsi fut créée ma nouvelle compagnie, la Contemporary Wardrobe Collection.

Comment êtes-vous devenu le designer du grand magasin de Vivienne Westwood et Malcolm McLaren, The End of the World ?

Je traînais dans le coin de Chelsea à l'époque, dans les années 1980-1981, et tombai un jour sur Vivienne Westwood par hasard, dans un pub. Elle me dit qu'elle aimait beaucoup le design du *PX Shop* et me proposa de faire celui de *The End of the World*, leur fameuse boutique de King's Road. Malcolm et elle avaient beaucoup d'idées, mais ne savaient pas toujours comment les appliquer. En six mois, je construisis et fis l'aménagement du magasin, qui ouvrit à l'hiver 1981.

Et la découverte du Horse Hospital ?

Vers 1990, quand je faisais des vidéos pop, je cherchais un endroit pour stocker ma collection d'habits. Ce quartier de Russel Square me semblait un endroit intéressant – une sorte de zone de transit. J'arrivai par hasard dans cette cour, où j'espérais trouver un garage. Au lieu de ça, je découvris cet immeuble complètement délabré et me dis qu'on pourrait faire dans cet immeuble une sorte de Factory à la Andy Warhol, avec ma collection de vêtements au rez-de-chaussée et un studio à l'étage, pour des événements artistiques. Nous étions frustrés à cette époque de n'avoir aucun endroit pour montrer ce que l'on faisait ; il n'y avait notamment aucun lieu pour le cinéma underground.

Un événement marquant du lieu fut la rétrospective scandale de Vivienne Westwood, en 1993. Que s'est-il passé ?

Ce fut en fait la première expo que nous avons organisée ici. Avec mon réseau dans l'univers punk, et avec Vivienne Westwood, nous décidâmes d'organiser une rétrospective de son travail. Tout le monde apporta différentes pièces. Ce fut un succès incroyable, chaque jour, pendant trois mois, avec 3 000 personnes faisant la queue pour entrer. Des Japonais vinrent même voir l'exposition et me demandèrent de l'exporter dans leur pays. Ce qui a plu, je crois, c'est notre façon de briser les règles du genre. Au lieu de mettre les vêtements dans des vitrines, comme vous les trouvez en général, on les a accrochés à des sortes de poupées gonflables roses suspendues au plafond. Les pièces ressemblaient ainsi à des carcasses d'animaux, comme dans l'entrepôt d'un boucher. Elles étaient à hauteur des spectateurs, de telle sorte que vous vous cogniez dedans. Les gens furent assez choqués ce soir-là, comme les trois *curators*[3] du Victoria and Albert Hall[4]. Ils me prirent à part pour m'expliquer que je n'avais pas le droit de faire ce genre de choses, que ce n'était juste pas possible, que le public allait commencer à toucher les œuvres, les détériorer, etc. Évidemment, puisque c'était l'effet recherché ! Pourtant, après trois mois, tout était encore en parfait état. Et, ironie du sort, ce même Victoria and Albert Hall Museum copia mon idée et fit la même chose, quelque temps après !

Comment définiriez-vous les œuvres que vous exposez ici ?

Ce sont des choses qui ne sont pas *mainstream* ; c'est le travail d'artistes ou metteurs en scène en marge de l'industrie, comme celui que nous montrons actuellement – Li Cassidy-Peet, une artiste allemande qui fut invité en résidence pendant un an. Son travail décrit le bâtiment, son histoire et les activités qui y ont lieu. En créant une œuvre faisant référence aux différents costumes, musiques, films, peintures ou livres du *Horse Hospital*, elle a permis au spectateur de créer ses propres liens imaginatifs avec le lieu, à travers des dessins, installations de câbles, collages et des vidéos.

Quel est votre statut juridique en tant que lieu d'art ?

Nous essayons en ce moment de nous déclarer « lieu d'art » et d'obtenir une licence. C'est un chemin que je n'avais pas vraiment envie de suivre, mais nous n'avons pas le choix si nous souhaitons survivre. Tout mon argent personnel est dépensé, et il va falloir obtenir une aide extérieure. Nous faisons des demandes auprès du Arts Council et préparons également quelque chose l'année prochaine avec le National Film Theatre... Nous allons arriver à un résultat positif, j'en suis sûr. Nous sommes désormais connus et respectés par les grandes organisations et les institutions, et des gens viennent d'Europe et même du monde entier pour voir nos expositions, comme si nous étions une sorte de Tate Gallery du Londres underground. Malgré nos difficultés financières, notre réputation ne cesse de grossir, et notre site web s'élargit à toute allure : après quelques années, il atteint déjà les 15 000 visites par mois.

Pourquoi n'envisagez-vous pas de programmer quelques événements payants, pour mieux financer le Horse Hospital ?

Non, il y a plein d'endroits qui font cela, pourquoi s'y ajouter ? Je n'ai aucune envie de jouer l'élitiste, d'organiser des soirées coûteuses pour rentrer dans mes fonds. L'entrée au HH est donc gratuite, comme la

---

3. Commissaire d'exposition.
4. Le grand musée des Arts décoratifs et de la Mode en Angleterre. Voir le portrait de Mark Jones, p. 32.

plupart des événements. Il faut que tout un chacun puisse venir ici ; il s'agit de proposer à chacun de prendre part aux événements et à leur programmation. Nous encourageons les gens à programmer des films, à venir jouer leur musique, lire leurs textes... Et c'est incroyable, le nombre de gens qui viennent. C'est une sorte d'incroyable chose qui grandit organiquement. Et c'est excitant, car on ne sait jamais ce qui va venir ensuite. Évidemment, nous passons notre temps à « jouer avec la loi » mais, aussi longtemps que personne ne nous en empêchera, nous continuerons.

COLONNADE
WC1
THE
HORSE HOSPITAL

IL FAUT LAISSER PARLER

LE SON.

Colin Newman
Musicien

HOMME-CAMÉLÉON

Colin Newman est né sous le nom qui lui fallait, comme si sa bonne étoile lui avait toujours souri. Ce nom, sûrement inconnu de beaucoup, est en Angleterre familier de tous ceux qui s'intéressent sérieusement à la musique – en tout cas rock, punk, pop ou électro. Newman, c'est d'abord le chanteur de Wire, groupe culte s'il en est, l'une des meilleures choses qui soit arrivée au punk anglais (leur premier album *Pink Flag*, enregistré en 1977, demeure une référence absolue en la matière pour plusieurs générations de musiciens, de Henry Rollins à Placebo). Newman, c'est aussi le créateur, avec sa femme Malka Spigel, de Swim Productions, label de musique expérimentale qui fait connaître depuis dix ans les territoires encore inexplorés des univers sonores. Newman, c'est enfin un catalyseur d'énergie, un déchiffreur, un pionnier, une ouïe unique, un arrangeur du son surdoué (il travailla notamment avec Brian Eno et Alain Bashung).

Trublion sur scène, gesticulant comme un adolescent dans des vêtements trop larges, le musicien est en privé un homme posé, réfléchi, père de famille vivant dans une petite maison de Wimbledon (sud-ouest de Londres) avec sa femme et son fils. Modeste, il n'hésite pas à qualifier de « dépassés, plus vraiment intéressants » certains des morceaux qui firent pourtant la renommée de son groupe Wire. Et précise d'emblée : « Surtout, pas de nostalgie ou de commémoration. » « *Flag : burning* », comme l'indique le titre de leur dernière tournée, il s'agit même aujourd'hui de brûler le drapeau rose du mythe *Pink Flag*. « Il fallait détruire l'icône du passé, pour recréer du neuf. »

C'est cette capacité à se renouveler sans cesse qui sauva d'ailleurs Wire du désastre, après la fièvre de 1977. Dès 1979, en effet, le punk était mort et enterré, son message révolutionnaire décrédibilisé, et presque tous ses héros déchus, morts ou disparus. La musique anglaise vécut alors une crise sans précédent, une grosse gueule de bois, qui se prolongea dans les années 1980, et dont ne surgirent que, de temps à autre, quelques mirages comme The Fall, Joy Division ou The Specials. Mais beaucoup de ceux qui avaient fait le mythe punk s'étaient enfuis dans des paradis artificiels, enfermés dans le nihilisme ou barricadés dans le passé. Newman, pour sa part, sut habilement laisser passer cette vague dangereuse de déceptions et ses relents néfastes, pour mieux rebondir sur les nouveaux courants qui émergeaient des États-

Unis à l'époque. Et entraîner Wire vers des paysages sonores encore inexplorés en ce temps. « Il y eut ces années de renouveau, après 1980, la new wave, le hip-hop. Tandis que le rock s'essoufflait (avec ces groupes dans lesquels une batterie se contentait d'accompagner un refrain ou une mélodie gentillette à la guitare), tout un nouveau beat émergeait aux États-Unis. De La Soul, A Tribe Called Quest : ces types recréaient les notions du rythme à partir de rien, en bricolant dans leur garage ! On a essayé de faire quelque chose de semblable sur l'album *Read and Burn*, créer un nouveau rythme, en jouant sur les distorsions ».

Read and Burn, excellent double album de Wire, fut achevé en 2003 (après plus de dix ans de silence). Depuis, le groupe est de nouveau au point mort. « Wire ne fonctionne pas comme un groupe conventionnel, qui se "séparerait" puis se "reformerait" », explique Chris Darke, critique musical qui les suit depuis des années et ne veut pas les enterrer trop vite. C'est plutôt une sorte de projet artistique que l'on quitte souvent, pour mieux y revenir. » Depuis presque trente ans, l'aventure Wire existe, chacun des quatre musiciens a fréquemment vécu sa vie en solo, de son côté, pour mieux retrouver le groupe après quelques années. Cette indépendance de chacun de ses éléments est d'ailleurs l'une des forces du quatuor, qui leur donne une complémentarité exemplaire.

« Chaque lettre représente l'un de nous », précise notre hôte. « Et il ne faut pas prononcer Wire mais W-I-R-E. On n'est pas un groupe comme The Cure, où tout tourne autour d'une personne. Le problème, c'est que chacun d'entre nous a presque trop d'idées... Donc ça bloque ! »

Malgré ses regrets sur Wire, Colin a su depuis longtemps suivre sa propre route. Il s'est d'abord tourné vers les arts visuels, créant des installations sonores et vidéo comme l'étonnante pièce Immersions, réalisée avec sa femme Malka Spigel, pour le festival de Dublin en 2000. Six écrans vidéo, dans une pièce obscure, représentent l'eau en mouvement d'une piscine. « Il faut se laisser guider par le son », explique Malka. Le bruit intriguant d'un moteur semble en effet dicter le rythme de l'eau, dans une sorte de ballet aquatique. À la fin de la vidéo, on apercevra l'ombre furtive... d'un robot-nettoyeur.

Toujours dans le registre aquatique, Colin décrit ses expérimentations avec les autres musiciens signés sur Swim comme des « jeux aquatiques » (*swim-games*). Il suffit d'écouter la compilation *Swim Team 1 and 2* pour comprendre la qualité du travail de producteur de Newman, ce qu'il fit pour ses groupes favoris – Silo, Toucaen ou Aurelie. 31 artistes signés, 54 disques produits. Dix ans consacrés à la recherche de nouveaux talents, à l'écoute de maquettes, à l'organisation de concerts, à l'envoi de disques à la presse. Des tâches parfois laborieuses qui l'« éloignèrent de sa vocation de musicien, mais enrichirent indubitablement [mon] univers sonore ».

« Tout l'univers Swim Productions est là », commente ensuite le chanteur en me faisant pénétrer dans le studio d'enregistrement qu'il s'est aménagé à domicile. Le lieu ne ressemble pas à grand-chose : une petite pièce pleine à craquer, sorte de caverne d'Ali Baba où s'entassent pêle-mêle disques, vidéos et maquettes d'artistes. Tout autour de nous, sur les murs, Colin me décrit les machines qui lui servent de logistique : vieilles boîtes à rythmes, quatre-piste, pianos électriques... Lui qui est si souvent dans ce qu'il appelle son « laboratoire d'expérimentation sonore », on le sent heureux comme un savant dans son laboratoire. On pense aussi, dans le registre aquatique de Swim, au plongeur sous-marin, à la recherche de trésors enfouis dans les tréfonds de la musique populaire. « Il faut revenir aux origines, à la source du rock. »

« Chez mes parents, on avait une télé, une radio. Mais des disques, pourquoi donc ? », se rappelle le musicien. Les vinyles étaient encore quelque chose d'assez inhabituel, une affaire de connaisseurs. » Et les Newman n'avaient pas trop le temps de s'intéresser à ce genre de choses, entre un père ingénieur électrique et une mère employée de bureau. Le jeune Colin achète donc ses premiers 45 tours en contrebande, comme des trophées de chasse. Après son enfance à Berkshire, dans le Newbury, il part étudier dans une école d'art à Winchester and Watford, où il rencontre les autres membres de Wire. « Je quittai l'école à l'été 1977, et dès septembre, nous enregistrions *Pink Flag*. »

De cette époque lui est surtout resté le côté « fait maison », bricolage du punk – « gage d'une certaine qualité face aux sons stéréotypés des grosses majors de l'industrie du disque ». La dernière fois qu'il travailla dans ce genre de lieu remonte à sa collaboration avec Alain Bashung, en 1980. Mais il enregistra tous ses albums, *Wire* autant que *Swim*, dans les dix mètres carrés de son studio. Ce qui, affirme-t-il, est désormais à la portée de tout le monde. « Il y a eu un progrès exponentiel dans la qualité du type de studio que vous pouvez créer à domicile. » En repartant de nouveau des années 1950. « Tout vient de là. À cette époque, la musique fonctionnait tout à fait différemment : c'étaient les producteurs, derrière leurs consoles, qui étaient au cœur du processus, employant des musiciens pour jouer tel ou tel instrument sur des disques qu'ils concevaient entièrement. L'idée qu'un de ces musiciens puisse toucher à quoi que ce soit dans le studio était alors impensable. Moi qui suis chanteur et guitariste, j'eus pourtant l'idée très vite que c'était cette pièce qui se trouvait au cœur de tout, même si j'étais censé me trouver de l'autre côté de la vitre. Je me mis à étudier les techniques de studio, pour comprendre la musique non pas telle qu'elle est jouée, mais telle qu'elle est faite. J'ai depuis toujours joué ce rôle, dans Wire[1]. »

La musique que produit, réalise ou joue Newman reste surprenante et inclassable, à la hauteur de sa réputation. Et son dernier album, *Git*, réalisé avec son nouveau groupe Githead, est peut-être le plus abouti depuis *Pink Flag*. Comme toujours très *trash* et presque simpliste à la première écoute, sa musique révèle peu à peu son intelligence, sa structure, chaque morceau semblant élucider une sorte de charade musicale – avec des titres évocateurs comme *Test*. « Il y a quelque chose d'assez particulier en Angleterre, vous savez. Les Anglais sont soit complètement fermés, soit très directs – et ils vous diront alors tout ce qu'ils pensent. Je joue de ça en tant qu'artiste. Dans mes paroles, j'essaye d'être très direct, même si je n'ai pas de message à faire passer. D'où ce beat qui attaque, ces paroles presque criées, parfois absurdes – sans se prendre au sérieux. »

Il faut entendre la vitesse vertigineuse, la précision et l'excitation avec laquelle il débite ces paroles sur scène, dans une voix presque monotone et pourtant diablement ironique. Le tout accompagné d'un riff de guitare nerveux, presque mécanique mais jouissif. Ainsi de *Gift*, morceau délivré à 100 à l'heure, sur lequel débarque au bout de quelques secondes ce son étrange provenant en fait d'une sorte de guitare-banjo électrique que Newman a dû dénicher dans les greniers des amateurs de funk.

« Certains nous ont dit : vous êtes trop vieux pour jouer ce style de musique. Moi je réponds : on y va, et vous allez voir ce que vous allez voir ! » Avec le même pied de nez, et non sans humour, lui et ses acolytes ont décidé de s'appeler Githead – ce qui signifie ringards, « vieux nazes ». « À notre âge, nous serions censés être considérés comme "classiques", avec un nom très sérieux, à rallonge, et beaucoup de parenthèses (ex-Wire, ex-etc.). » Il replace d'ailleurs son choix d'un nom volontairement ridicule dans une certaine tradition du rock alternatif, celle des My Bloody Valentine, Magazine ou encore The Fall. Sur Githead, il profite aussi de l'apport précieux de Robin Rimbaud, la tête pensante du groupe Scanner, avec lequel lui et sa femme souhaitaient travailler depuis des années, un ami de longue date de Southfields. Tout est parti des dix ans de Swim à l'ICA. Je lui ai alors proposé d'être DJ pour cet événement. Il me répondit : « Non, je veux jouer en live. J'ai alors pensé à lui proposer de jouer avec ma femme et moi, dans un nouveau groupe. » Si l'on en croit Newman, en moins de dix minutes de répétition, Githead était né. « Vous savez, un groupe est une chose spéciale. Certaines

1. Ce qui ne l'a pas empêché de jouer de la guitare ou de chanter.

combinaisons de personnes marchent, et certaines échouent. Peu importe à quel point les gens sont bons techniquement, intelligents, créatifs... Il faut juste que ça décolle. »

Et Githead est bel est bien parti pour prendre son envol, et peut être devenir le grand groupe auquel Newman avait toujours rêvé depuis les premiers revers de Wire. Ils ont déjà, à l'heure où nous écrivons ces lignes, d'excellentes revues dans *The Independant*, *Wire* et autres, pour un simple LP (quatre chansons). Newman est un véritable caméléon – en perpétuelle mutation. Rendez-vous à sa prochaine couleur.

ILFORD HP5 PLUS
5 5 7 2
28 A
CONTACT.

LE CINÉMA, POUR MOI, C'EST D'ABORD DE L'ALCHIMIE

DU CUIVRE ET DE L'ÉMULSION,

DE LA SURFACE

ET DU GRAIN,

DES OMBRES ET DES LUMIÈRES.

David Leister

Cinéaste

ROCK
STAR
HAS SEX
CHANGE
ON

LA FABRIQUE DES IMAGES

Dans son studio de Kingsland Road, David Leister crée, monte, édite et projette des films expérimentaux – «*artist's films*», comme on les appelle outre-Manche. À l'heure du tout-digital, il est resté un adepte des machines anciennes, bobines de 8 ou de 16 mm, petites caméras Bolex des années 1960. Alors que les salles de cinéma londoniennes se réduisent de plus en plus à des multiplexes programmant des «*blockbusters*», ses films expérimentaux sont une bouffée d'oxygène qui fait croire en l'existence (malgré les suspicions parfois bien fondées) d'un septième art dans cette ville. «Importante figure du cinéma expérimental londonien, Leister ressort de cette veine d'*artist's films* britannique qui comprend, entre autres, John Smith, Malcolm Le Grice ou Stephen Dowskin. Très rapidement, il crée un style totalement indépendant et fera partie du milieu underground pur et dur dans les années 1980», explique Anne-Sophie Dinant, programmatrice de films et de vidéos d'artistes.

Né dans le Wisconsin, cet Américain part à vingt ans de sa banlieue Woodcest Acres (Franklin) pour un échange d'un an avec une université londonienne. Fasciné par la ville, il prolonge indéfiniment son séjour. Pour ne jamais repartir. Quadragénaire d'apparence discrète (costume beige gris), Leister parle maintenant un anglais très british, malgré quelques résurgences occasionnelles d'expressions américaines. Songeant à ses origines, on le surprend les yeux perdus dans le lointain, à regarder une ligne d'horizon imaginaire. «Oui, c'est loin tout ça, et je me sens d'ici, au fond. D'ailleurs, je ne me vois vivre nulle part ailleurs.» Dans son labo, caméras, appareils photo, projecteurs et bobines de pellicules sont entassés par terre, empilés sur de grandes étagères. Sur son bureau, des photos d'acteurs des années 1950 (Burt Lancaster dans *Le Léopard*, Gloria Swanson époque *Sunset Boulevard*). Même ses sièges sont importés d'une salle de cinéma, immédiatement reconnaissables à leur velours rouge élimé. «Depuis tout petit, j'ai toujours su que je ferais un jour du cinéma...», explique-t-il. Des films, il en a déjà réalisé une quarantaine, tous des courts métrages de 2 à 20 minutes. «On m'a souvent demandé pourquoi je ne faisais pas des films de deux heures, avec des stars et tout... Ça ne m'intéresse tout simplement pas. Pourquoi vouloir écrire un gros pavé de 3000 pages quand on est heureux d'écrire une nouvelle ou un essai de 50 pages?»

« Comme la plupart des Américains de ma génération, mon histoire d'amour avec le septième art remonte plus loin encore que mes souvenirs. Pour autant que je sache, elle a commencé par des spasmes d'excitation et de plaisir durant la période prénatale. Et s'est affirmée avec ma mère, une boulimique de cinéma, qui s'envoyait trois films par jour », écrit le narrateur de *La Conspiration des ténèbres*, le roman de Theodore Roszak. Leister, lui aussi, tient beaucoup de ses parents, cinéphiles passionnés. Photographe de profession, son père lui enseigna le processus de la fabrication des images, l'initia aux mystères de l'ombre et de la lumière. « Il avait une chambre sombre, dans laquelle je humais avec excitation les produits chimiques utilisés pour le processus de développement. » Sa mère en fera de même avec le piano, un Baby Grand, dont il joue parfois, lors des projections qu'il organise. « Elle avait aussi une grande collection de disques, et enregistrait tout ce qui passait à la radio. » Ce sera néanmoins son oncle, lui-même réalisateur de films, qui lui donnera sa première caméra. Leister a alors quatorze ans.

Arrivé à Londres quelques années plus tard, l'apprenti cinéaste s'inscrit aux cours de technique d'impression avancée (« *special advanced printmaking* ») et de gravure de la Central School of Art and Design (l'actuel Central St Martins). « Manier les différents outils, perfectionner les techniques était ma priorité. » Passant à la photographie, il réalise ses premières œuvres, des collages imprimés dans des formats de cartes postales, de boîtes d'allumettes ou de panneaux d'affichage. Une caméra Bolex et une cuve à développement russe de 16 mm, achetés au marché de Deptford, le font ensuite passer de l'image fixe à l'image mouvante. À l'origine de son idée du cinéma, il évoque une nouvelle fois son oncle, et la boîte pleine de pellicules de film qu'il lui donna gamin. Des petits films documentaires, à usage pédagogique ou professionnel. « L'un d'entre eux montrait des ouvriers, sérieux, travaillant d'arrache-pied sur un site industriel. En bas de la boîte, je découvris un autre film, complètement différent : l'enregistrement d'un concours de beauté Miss Northern Electric. Pour s'amuser, Leister monte les deux films ensemble. Il crée ainsi une scène, surréaliste, où ces ouvriers – regardant dans un judas pour inspecter des fourneaux explosifs – se retrouvent par l'effet du montage à lorgner les beautés de l'autre film. L'effet d'humour est renforcé quand les hommes, très sérieux, sortent ensuite leurs calepins pour prendre des notes. Collage, burlesque, absurde, symbolisme fort, onirisme... Tout le style Leister est déjà là, dans ce premier film *Beauty Contest in a Blast Furnace* (3 minutes, 16 mm).

Dès lors, il se passionne pour ces objets étonnants, les films pédagogiques, qu'il collectionne et archive précieusement. Il en possède aujourd'hui plus de 2600, glanés ici ou là, avouant une préférence pour « les 16 mm à caractère pédagogique utilisés dans l'industrie des années 1930 ». À partir de ces films, il organise des projections dans des pubs ou salles indépendantes (le *Armchair Cinema*, *The Dining Room*[1]) avant de créer en 1987 son propre lieu, le *Kino Club* (au *Two Eagles pub* de Kennington). Les performances cinématographiques qu'il y propose régulièrement resteront dans les esprits (et dans l'histoire du cinéma expérimental) comme une des principales sources d'inspiration de la culture « VJ » (« *Visual Jockeys* »), dont tant d'artistes se targuent désormais d'être les précurseurs. Le critique Stefan Szczelkun[2] se souvient parfaitement de l'intensité de ces spectacles.

« La soirée commençait toujours avec un film d'archive, monté avec des extraits d'œuvres classiques et de réalisateurs expérimentaux comme Joseph Cornell et René Clair. Leister y ajoutait des commentaires en direct, avec les inévitables (et bienvenues) interpellations de l'audience. Ensuite, il y avait un montage d'images avec des prismes ou filtres et de la musique live, suivi par une compilation de films réalisés à partir de clips, liés implicitement à un thème crypté, récurrent. La performance consistait en une technique rudimentaire : il s'agissait d'insérer rapidement et soigneusement des cassettes dans un magnétoscope. La nuit culminait enfin avec les trois projecteurs précipitant des images sur un seul écran, un montage complexe de lumières et de musique intenses. »

Il faut aussi, rappelle Leister, relier ces performances, avec leur dosage subtil d'improvisation et de spontanéité, à ce que le cinéma a perdu il y a soixante-dix ans quand il a disparu des foires et des théâtres de variété ou cabaret pour des salles « volontairement créées à cet effet », avec « leurs sièges fixés au sol ». « Comme avec les spectacles de lanternes magiques d'autrefois, je veux faire apparaître des images et des réactions qui ne peuvent être obtenues dans un environnement de projection habituel de film », explique-t-il, remontant jusqu'aux cathares du Moyen Âge et leur boîte à images, première technique de défilement d'images bannie à l'époque par l'Église et dénoncée comme diabolique. La « part maudite » du cinéma, qu'il revendique : « Le cinéma pour moi, c'est d'abord de l'alchimie : du cuivre et de l'émulsion, de la surface et du grain, des ombres et des lumières. Et puis c'est cinétique : ça bouge, une pièce de "sculpture" mécanique (le projecteur) est requise pour voir. Les projections peuvent être encore plus manipulées, distordues et altérées, pour faire ressentir au spectateur cette expérience du temps dans la fabrique des images. »

---

1. Voir le portrait de George Nicholson, p. 56.
2. *Film Comment*, automne 2002.

Ainsi d'un de ces films récents, *Medicine Box*, sorte de voyage psychédélique dans l'univers des drogues chimiques. Le film est construit comme une spirale hallucinatoire qui capte la rétine du spectateur, sans relâche. Première scène dans le cabinet d'un docteur : une porte s'ouvre, des mains s'affairent dans un coin à ranger une collection de petites bouteilles contenant des pilules. Celles-ci apparaissent ensuite en gros plan, flou, puis une multitude de pilules de différentes tailles se mettent à tournoyer dans une chorégraphie démente. Tourné en noir et blanc, *Medicine Box* ressemblerait presque à première vue à ces films d'instruction médicale qu'il collectionne par centaines. Un effet trouble s'en dégage pourtant vite. Par l'utilisation de ses techniques habituelles (16 mm, montage d'images de différentes sources, accélérations et ralentissements du défilement, utilisation de produits chimiques destinés à la photographie), le réalisateur interroge notre perception des choses, met en doute notre objectivité vis-à-vis de ce qui nous est montré. La bande-son mélange musique, voies et effets sonores : crécelle des tablettes dans leurs flacons, clic du bouchon qui s'ouvre. « L'intention du film est en fait de rendre le spectateur conscient du pouvoir et de la séduction que peut exercer une petite pilule. C'est une réponse à une expérience familiale et une interrogation sur la différence entre nécessité, dépendance et addiction. »

Leister, désormais, est demandé aux quatre coins de la ville. Il sera en 2006 à la Tate Modern pour présenter son travail et celui de quelques amis. Il avoue parfois refuser, et aime, un ou deux soirs par semaine, retrouver son domicile de Brook Drive (SE 11). « J'y suis depuis tellement longtemps qu'il devrait y avoir une plaque sur la porte », ironise-t-il au sujet de cette rue célèbre, derrière Elephant and Castle, « qu'on appelait à une époque la rue des cinéastes tant il y avait de gens du métier qui y habitaient ». Il s'implique également dans le système éducatif, afin que soient préservés le matériel et la méthode manuelle, dans les écoles. Il prête son studio à de jeunes vidéastes ou cinéastes expérimentaux : toujours ce même combat au fond, cette « politique des auteurs » à l'anglaise, pour que le cinéma britannique ne devienne pas une grosse machine bien huilée et impersonnelle. En revenant aux méthodes artisanales à chaque étape du processus filmique – du tournage au montage. « C'est comme dans un groupe de musique : il est tout de même préférable d'avoir un réel batteur qu'une boîte à rythmes, non ? »

“NE RIEN FAIRE

EST LA CHOSE LA PLUS DIFFICILE À FAIRE.”

OSCAR WILDE

Tom Hodgkinson
Écrivain

made in
clerkenwell
25 years of Clerkenwell
Green Association

L'OISIF

Voulez-vous savoir pourquoi Kylie Minogue est punk, comment fabriquer un flingue ou encore tout connaître sur Kramer, le personnage mythique de la série télé *Seinfeld* ? Vous pouvez trouver tout cela, plus des nouvelles, essais et autres merveilles, dans *The Idler*, la revue des oisifs anglais. À l'origine, il y a la célèbre revue littéraire *The Idler*, fondée au XVIIIe siècle par Samuel Johnson et une bande d'écrivains bohèmes de l'époque (Conan Doyle, Jerome K. Jerome, etc.). Elle semblait vouée à demeurer en paix dans les archives de la British Library pour le seul bonheur de quelques érudits. Jusqu'à ce qu'une bande de courageux jeunes admirateurs se décide, il y a maintenant dix ans, à faire renaître de ses cendres la prestigieuse entreprise.

Littérature, dandysme, second degré et contestation : on retrouve dans *The Idler* version XXe siècle toutes les qualités de l'ancienne revue. On y découvre également les grands oisifs de notre époque (artistes, simples quidams ou personnages de dessins animés érigés au rang de héros par la rédaction, de Gilbert Shelton à Will Self en passant par Homer Simpson). Un numéro spécial a même été consacré à Éric Cantona (« la huitième idole de *The Idler* », après Henry Miller !), défendant sa conception du football comme un « art de gentleman dandy ». Rencontre avec Tom Hodgkinson, l'éditeur de *The Idler*, dans le capharnaüm qui leur sert de bureau – entre bouteilles d'absinthe et vieilles éditions d'Alfred Jarry.

D'où est venue l'idée de ressortir la revue mythique du XVIIIe siècle ?

L'idée m'est venue un jour où j'étais – comme bien souvent – allongé à rêvasser sur mon lit. Je venais d'acheter le journal du Dr Samuel Johnson, ce grand oisif devant l'éternel. Cette lecture fut un choc, un déclencheur. Je trouvai en Johnson un modèle, une éthique de vie qui me convenait : j'étais comme lui un rêveur dans mon monde imaginaire, mais je n'avais pas besoin – au contraire – de me mettre à une table de travail dix heures par jour pour pouvoir écrire. Je perdis aussi pour toujours ce sentiment de culpabilité que j'avais toujours ressenti en tant que paresseux invétéré. Par la suite, après avoir dévoré les vieilles archives de sa revue *The Ilder*, je décidais de recommencer cette aventure, pour rencontrer les oisifs incompris de notre époque, les aider à ne plus se sentir coupables.

Dans votre dernier numéro, vous attaquez l'«éthique protestante de la souffrance, à l'origine du capitalisme»?

Oui. La vie devrait être agréable et insouciante. Mais notre conception du bonheur repose, encore aujourd'hui, sur cette éthique chrétienne du XVIIIe siècle qui veut que le progrès soit le fruit d'une peine, d'un dur labeur. C'est également un très vieux système d'exploitation des travailleurs par les classes aisées, qui repose en fait sur une supercherie morale : «Accumulez, travaillez toujours plus, nous dit-on. C'est bien, et vous en serez récompensés plus tard, ou dans un autre monde.» C'est une mentalité également très, très caractéristique de l'Angleterre. Dans ce pays, le travail demeure une vertu essentielle, la seule vertu – ou du moins la mère des vertus. La révolution industrielle est à l'origine de ce drame : pour envoyer des familles entières à l'usine, travailler douze heures par jour, les prêtres méthodistes firent des sermons sur le «travail comme volonté divine» – et la paresse fut dès lors considérée comme un péché. Mais l'Histoire a oublié cela, ce droit à la paresse, que les ouvriers défendirent farouchement face à la morale bourgeoise offusquée de leur exigence de simplement profiter de la vie ! Les choses n'ont pas tellement changé aujourd'hui ; les banquiers se tuent toujours à la tâche, et l'Angleterre est loin de même envisager quelque chose comme ce que vous appelez en France les «35 heures». À *The Idler*, nous expliquons que se tuer à la tâche n'a rien d'une vertu divine : c'est tout simplement un crime contre le bien-être de l'humanité.

Qui sont les nouveaux oisifs que vous admirez et sur lesquels vous écrivez dans votre revue ?

Je m'intéresse à tous ceux qui font de leur vie une œuvre personnelle, libre de toute contrainte. Je pense, pour en citer quelques-uns, à Zodiac Mindswarp, Penny Rimbaud des Crass, Damien Hirst (peintre anglais Young British Artist), Billy Childish, Chris Yates (un fameux pêcheur anglais, qui passait son temps à observer des poissons), Bez, Kramer (de la série *Seinfeld*), Keith Allen, Homer Simpson. Et puis, bien sûr, John Lennon, qui restera toujours présent dans la communauté des oisifs.

À chaque numéro de la revue, vous explorez un concept différent («l'ennui», «la folie», «l'amour», etc.). S'agit-il de différentes stratégies politiques contre les dégâts du surmenage et du stress ?

Je n'y avais jamais pensé exactement de cette façon, mais vous avez tout à fait raison. Nous sommes une revue radicale, toujours à la recherche d'alternatives à cette bataille féroce des capitalistes, qui mène au stress et à ce que l'on appelle désormais le «*workoholism*».

Notre dernier numéro porte ainsi sur le thème de la révolution, et j'explique dans mon édito pourquoi notre révolution est possible : elle ne requiert presque aucune action.

Vous auriez donc trouvé à The Idler *la recette, la « thérapie ultime » pour nos vies stressées ?*

Oui, je l'espère ! On a même désormais toute une partie pratique qui propose des exercices de la vie courante pour les oisifs (avec des « *reviews* » : *cheese*, *beer* ou « pensez comme un poisson ») Mais vous devez savoir une chose : devenir oisif est un chemin long et difficile. Le monde est contre vous. Comme le dit Oscar Wilde, « ne rien faire est la chose la plus difficile au monde ». Enfin, gardez tout de même en tête la superbe devise française : « Travailler moins, produire plus. »

On peut trouver *The Idler* à la librairie *Chez Colette*, à Paris.

5 8 0 9
ILFORD
DELTA 400 PROFESSIONAL
15A
Tom

LORSQUE JE CONSIDÈRE
CETTE GRANDE CITÉ,
J'Y VOIS UN AGRÉGAT DE NATIONS
DIVERSES QUI SE DISTINGUENT
LES UNES DES AUTRES
PAR LEURS COUTUMES,
LEURS MANIÈRES
ET LEURS INTÉRÊTS RESPECTIFS.

Joseph Addison

SÉQUENCE 7

LE LONDRES DES MINORITÉS

HASAN
SAHAN
DIRECTEUR DE FESTIVAL

LARRY
FORDE
ORGANISATEUR DU CARNAVAL

YURI
KALNITS
VIOLONISTE

COOLY G.
RAPPEUSE

LE LONDRES DES MINORITÉS

« On a comparé la population londonienne à la boisson du XVIIIe siècle qu'on appelait *All Nations*[1], et qui était concoctée en mélangeant les fonds de bouteilles ; mais c'est faire peu d'honneur à l'énergie et à l'esprit d'entreprise des différentes populations d'immigrants qui convergeaient vers la capitale britannique. En fait, l'animation et l'esprit d'entreprise de Londres semblaient les gagner et, à une ou deux exceptions près, différents groupes ont prospéré. »

Peter Ackroyd[2]

1. « Toutes les nations ».
2. *Op. cit.*, p. 813. « P'têt parce que je suis Londonien ».

LONDRES EST DEVENU UNE SORTE D'ELDORADO
POUR LES KURDES,
LA PREUVE TANGIBLE QU'ILS PEUVENT
DÉPASSER LES FRONTIÈRES.

Hasan Sahan
Directeur de festival

ENGLISH
TURKISH
GREEK
BULGARIAN
S C

CINÉ-UTOPIE

Tous les ans, Hasan Sahan organise un Festival international du film kurde à Londres. 2004 est la troisième année d'un événement unique en Europe, qui amène à se rencontrer les Kurdes de la diaspora des quatre coins du continent.

Le festival se déroule au cinéma *Rio*, à Hackney. Après les succès de 2002 et 2003, Hasan a prévu pour 2004 deux semaines de projections, discussions, ateliers et conférences par plus d'une dizaine de réalisateurs kurdes (les plus grands, Ghobadi, Guney, sont déjà venus spécialement pour le festival). Il révèle ainsi aux Londoniens ce qu'est le Kurdistan, cette nation oubliée, sans terre, écartelée entre l'Irak, la Turquie, l'Iran et la Syrie, principale victime des conflits du Moyen-Orient. « En organisant ce festival, nous restituons les films, acteurs ou réalisateurs kurdes à leur culture d'origine, explique Hasan. Ils sont généralement présentés comme Turcs, Iraniens ou Irakiens. »

Réaliser un tel événement à Londres n'est pas non plus anodin. Hasan sait que la ville est la meilleure tribune, en tant que capitale occidentale, pour faire passer des messages forts sur la situation dramatique de son peuple. En 2002, il a d'ailleurs axé le festival autour du thème du massacre de Halabja[1]. L'événement est indéniablement politique – ou plus précisément militant, précise Hasan, qui cite une expression du réalisateur kurde Bahnam Ghobadi : « La caméra est la meilleure des armes. »

« Avec la situation politique actuelle, la division du Kurdistan en quatre pays, vous découvrez dans le cinéma kurde cette volonté de ne pas accepter les frontières. Comme dans le film de Ghobadi *Un temps pour l'ivresse des chevaux*, où le héros franchit des barbelés. Cela signifie : je ne reconnais pas l'existence de cette frontière, je ne reconnais pas cette frontière qui a été mise ici pour moi. » *A contrario*, Londres est devenu une sorte d'eldorado pour les Kurdes, la preuve tangible qu'ils peuvent dépasser les frontières, fuir le Moyen-Orient, s'intégrer dans un pays occidental qui leur reconnaît le statut de réfugié politique.

Plus de 50 000 Kurdes vivent à Londres. Cette communauté est dispersée dans différents quartiers de la ville : Hammersmith à l'Ouest, London Fields, et tout l'Est. Le Kurdish Film Festival permet de se réunir, de renouer des liens. « Nous voulons aussi créer un espace où

1. Le 17 mars 1988, 5 000 Kurdes furent gazés par Saddam Hussein.

se rencontrer, créer, échanger», explique Hasan. D'où l'emplacement du festival : Wood Green, le premier point d'achoppement pour beaucoup de Kurdes ou d'autres étrangers quand ils arrivent en ville. «Ce quartier est comme un port : on y arrive, on y reste quelques années, puis on bouge ailleurs. Au bout de cinq à dix ans. Autrefois, il y avait essentiellement des Chypriotes et des Grecs. Puis sont arrivés les Kurdes, les Kosovars, les Européens de l'Est. Des réfugiés, des sinistrés. Quand je suis arrivé, les magasins étaient pour la plupart grecs et turcs. Désormais, il n'y en a presque plus.» À s'y promener avec Hasan, Wood Green se révèle comme un étonnant patchwork de styles. Dans la rue, on passe du rap indien à des tenues slaves. Un magasin de fringues s'appelle *New York City*. Notre guide se sent du coin, il aime sa rue.

C'est d'ailleurs au niveau local qu'il a trouvé ses partenaires et mécènes, «en majeure partie par des compagnies et associations kurdes locales, et en moindre partie par la municipalité et le London Film. Mais nous vendons également beaucoup de tickets, et nous avons une bonne couverture de presse. Pour un petit festival indépendant, c'est plutôt bien.» Hasan est aussi un homme de réseaux, un pied dans la culture et l'autre dans l'associatif (éducatif, social ou politique). La liste de ses partenaires est impressionnante, et il a contacté les bonnes revues de cinéma (*Vertigo*) autant que les grands médias (*Time Out*) pour annoncer le Kurdish Film Festival.

Sur la photo, ce jeune homme d'une trentaine d'années regarde au loin. Un beau regard rêveur, de cinéphile. Des lunettes, presque de rigueur. Il a dû trop en voir, des films, mais c'est ce qui lui «fait croire en la poésie». Une échappatoire, une bouée de sauvetage dans une vie en dents de scie. Son histoire est, à l'origine, proche de celle de beaucoup de ses compatriotes réfugiés en Angleterre : «Je suis arrivé en 1989, lorsque la communauté kurde s'est formée ici. Au départ, il n'y avait pas de visa pour l'Angleterre dans notre pays. En 1986, le visa fut introduit.» La suite est plus unique, un parcours personnel atypique. Les deux premières années dans une usine de textile, puis deux ans d'études à Liverpool, en «politics and communications». Il revient à Londres pour travailler, en tant qu'éducateur pour enfants rencontrant des difficultés dues à leurs origines ethniques. Il fait en même temps un master au London College of Printing. «Désormais, à côté du Kurdish Film Festival, je travaille comme éducateur pour une association, le Droit des enfants. On essaye de les aider à s'exprimer. Et je travaille aussi dans une école pour enfants kurdes en difficulté, en free-lance. Cette école accueille des enfants kurdes autant que somaliens. J'aime ce mélange surprenant.»

Et telle est, justement, la force de Hasan : il a compris qu'il fallait absolument éviter l'autarcie, dépasser les limites de sa communauté, étendre son action à l'ensemble du quartier. « Il est facile de s'enfermer dans son ghetto », déclare-t-il, préoccupé également par la perception parfois empreinte de méfiance qu'ont les Anglais de ses compatriotes. Lui cherche au contraire à renouer les liens parfois tendus entre communautés, en commençant par les Kurdes et les Turcs. Il a réussi à faire cohabiter en bonne entente son festival avec un festival du film turc, dans le même cinéma. Phénomène inouï dans le contexte politique entre ces deux nations, et que l'on ne peut trouver peut-être qu'à Londres : les deux festivals se prêtent main-forte. « Mon choix, en tant qu'immigré, a été de toujours voir les choses de manière positive, de progresser, d'étudier, de créer des choses », affirme-t-il en guise d'explication.

Résultat de ce volontarisme, le Festival du film kurde a su redonner vie à un quartier autrefois divisé en ghettos, réunissant les différentes minorités ethniques dans le plaisir du septième art. « Là où se trouve le *Rio Cinema*, cette partie de la rue était auparavant morte. Aujourd'hui, commerces, cafés et restaurants se sont associés à l'événement. » À l'avenir, le festival pourrait bien se déplacer vers l'ouest (Hammersmith, Ealing et Fulham Broadway), où vivent de plus en plus de Kurdes. « Cette année, le thème sera celui des réfugiés politique en Europe », explique Hasan tandis que nous arrivons au bout de Green Lane. De l'autre côté de la rue, un panneau indique « Welcome to Harringate » à gauche d'un restaurant qui s'appelle *Newrose* (« la patrie », en kurde).

ILFORD HP5 PLUS
9 5 2 5
ILFORD HP5 PLUS
ILFORD HP5 PLUS
ILFORD HP5 PLUS
9 5 2 5
9 5 2 5
ILFORD HP5 PLUS
ILFORD HP5 PLUS
ILFORD HP5 PLUS
9 5 2 5
ILFORD HP5 PLUS
9 5 2 5
ILFORD HP5 PLUS
GREEN

DANS UN CONTEXTE EXTRÊMEMENT COMPÉTITIF,
NOUS CONTINUONS À AVANCER À NOTRE FAÇON.
NOUS UTILISONS CE QUI NOUS A ÉTÉ DONNÉ,

NOTRE SENS DU RYTHME ET DES COULEURS,

ET MÊME NOTRE OISIVETÉ !

Larry Forde
Organisateur du carnaval

FLAMBOYANT

À Notting Hill, tous les ans, se déroule lors du dernier week-end d'août un événement gargantuesque, monstrueux, fiesta païenne qui attire plus d'un million de curieux : « *the Carnival* ». Le quartier résidentiel chic se transforme pendant trois jours en une gigantesque fête de musique, de costumes colorés et de senteurs épicées. Depuis maintenant plus de quarante ans, le plus grand carnaval au monde après celui de Rio accueille ainsi chaque année plus d'un million de personnes. Les rues sont envahies par les *sound systems* (installations musicales de DJ), les *mas* (costumes) et autres *steel bands* (percussions antillaises ou jamaïcaines) dans un melting-pot infernal de Londoniens issus de diverses communautés (Philippins, Brésiliens, Africains, etc.) et de touristes venus du monde entier.

Plusieurs centaines de personnes travaillent tout au long de l'année, pour préparer l'événement. Avec sa compagnie de costumes *Flamboyan*, Larry Forde est l'un des acteurs majeurs de cette organisation. Celui qui s'appelle Oscar Luther de son vrai nom est même l'un des pères fondateurs du carnaval, un homme célèbre dans le quartier. L'idée de rencontrer Larry nous a été suggérée par John Howe, l'un des « Blancs » les plus introduits dans la communauté caribéenne. Écrivain, journaliste et traducteur entre autres de Régis Debray et Jean-Luc Godard autant qu'ami de feu William Burroughs et Fela Kuti, Howe, à presque soixante-dix ans, est un personnage haut en couleur, comme il n'y en a plus beaucoup dans le quartier. C'est de son balcon que je pus admirer pour la première fois le style *Flamboyan*, lors du carnaval 2001, ce mélange de délicatesse et d'excentricité, de costumes finement dessinés et de coupes invraisemblables. « Larry est l'homme qu'il vous faut. Sans lui, rien ne serait pareil aujourd'hui dans le quartier », m'affirmait alors Howe.

La route est longue, du métro Notting Hill Gate jusqu'au siège de *Flamboyan*, au 1 Fernhead Road. Exactement le chemin inverse de celui que suit le carnaval. De Ladbroke Grove, on descend la colline vers l'ouest, quittant les baraques somptueuses des hauteurs pour retrouver, aux flancs de « The Hill », les communautés jamaïcaines ou caribéenne. Celles-ci, qui firent l'âme du quartier, se sont installées ici il y a plus de cinquante ans, « lorsque l'on pouvait encore louer une chambre à une livre sterling la journée », se souvient Howe. Puis arriva Rackman[1], cet homme d'affaires qui racheta la majorité de leurs maisons et les transforma en résidences pour les classes aisées. Beaucoup durent alors migrer davantage vers l'ouest, jusqu'à la sinistre Trellick Tower, gigantesque HLM aux prix encore à peu près raisonnables.

Ici et là, demeurent encore des vestiges du Notting Hill black. Quelques rastas, en bas de Portobello Road, un salon de coiffure, d'où émerge de la musique reggae. Sinon, le paysage est surtout marqué par l'arrivée des *Starbucks Coffee*, *Coffee Republic* ou *Café Nero*, ces chaînes de café à l'américaine, qui poussent comme des champignons. Sur Harrow Road, au bout de Portobello, une enclave maghrébine succède au quartier espagnol. Restaurants de couscous, souk et narghilés font désormais partie du décor. Enfin, on atteint notre destination, après un pont, débouchant sur une petite place – Fernhead Road – et devant le centre communautaire de *Flamboyan*, oasis perdue au milieu d'un désert urbain de baraquements et entrepôts industriels. Une grande bâtisse blanche, coincée entre deux arrêts de bus ; trois étages aux larges fenêtres, un restaurant de spécialités caribéennes, pour servir de cantine, en face. À la fois maison familiale, centre artistique, association, le lieu regorge de designers, danseurs, musiciens et peintres, qui s'affairent au milieu d'une ribambelle d'enfants. Une véritable ruche, avec son organisation mystérieuse, régie par des lois précises. On nous amène au dernier étage du centre, « le clan des anciens ». Une vaste pièce, derrière un rideau. Larry et ses amis y discutent, comme à l'accoutumée, dégustant un vin italien et écoutant les airs du carnaval. Derrière eux, une télévision crache des informations, dans l'indifférence générale. Un magnifique masque est accroché au mur, œuvre des débuts de *Flamboyan*.

« N'écrivez surtout pas que c'est moi qui ai créé le carnaval, ce serait exagéré, commence par me dire l'homme qui m'accueille, tout en continuant à échanger des propos avec ses compères. Qui se préoccupe de savoir ce qu'un tel ou un tel a pu faire, aux débuts ? C'était collectif, nous étions tous ensemble, et il n'y avait pas de plan. Cela devait arriver, c'est tout. » Avec ses yeux malicieux et son sourire naturel, une voix posée, Larry a des allures de sage. De petits chaussons au pied, une chemise froissée, d'imposantes dreadlocks. À leur couleur (plus blanche que noire), on donnerait facilement soixante-dix ans au *rasta man*. « À nous deux, avec mon ami Rocky [un homme assis à nos côtés], nous avons 182 ans », se contente-t-il de préciser. Puis, très sérieux : « Ne prenez pas de photo de lui, il a un agent, cela vous créerait des ennuis »,

---

1. Immortalisé par la chanson *Straight to Hell* des Clash (ils parlent du « Rackman blues », en lui lançant : « Va en enfer ! »)

pointant Rocky du doigt, qui semble tout droit sorti d'un film de pirates, avec sa dentition en or, ses bagues et ses colliers d'argent.

« Est-ce qu'on peut jurer ? », poursuit-il, regardant le minidisc. « Je viens de Trinidad, Port of Spain », commence-t-il, nous résumant le récit épique de sa vie. « Je suis arrivé à Londres en 1953, dans l'Angleterre de l'après-guerre. Un chaos total. Je suis venu car j'avais un frère dans la RAF[2]. Comme j'avais une formation de menuisier, je cherchai d'abord du travail dans ce secteur. Mais il n'y avait rien à l'époque, pas de boulot, pas même assez de bois pour reconstruire la ville... Venant d'une île tropicale, j'avais entendu parler de la guerre, sans en être victime, à part quelques pénuries de denrées en provenance de la métropole. J'arrivais donc à Londres plein de rêves et d'espoirs, et n'y trouvai que famine et destruction, des femmes et des enfants seuls, une ville à genoux... Il fallait se défoncer pour survivre. » Bien que la métropole ait terriblement besoin de main-d'œuvre, elle n'est pas non plus propice aux étrangers. « Le racisme était très présent en ce temps, certains Anglais n'avaient encore jamais vu de Noirs ! Les Londoniens en particulier manquaient totalement de compréhension envers les Caribéens, et les étrangers en général. Pour être considéré comme un Londonien, il fallait résider dans la ville pendant cinquante ans et parler avec un accent parfait. Or, en tant que membre d'une de leurs anciennes colonies, je connaissais très bien la culture anglaise, qu'on m'avait inculquée dans cette grande école de Blancs, où je devais saluer le drapeau britannique et chanter l'hymne *Land of Hope and Glory* ! »

Déboussolé par cet accueil ressemblant à une douche écossaise, Larry changea peu à peu d'attitude, et se mit à reconstruire ici ce qu'il avait laissé là-bas. Tout en continuant à perfectionner son style british, il revendiqua sa négritude et se lia davantage à ses compatriotes d'exil.

« Et puis il y eut le grand couronnement de la reine du Commonwealth, en juin 1953. Un gigantesque défilé dans les rues de Londres, avec musiques militaires. Un véritable spectacle du pouvoir et de la puissance du Commonwealth. Toutes les colonies étaient présentes, et ils invitèrent un groupe représentatif de chacune d'entre elles. Dans ce contexte, au milieu des boggies en habit rouge, arrive la Queen of Tonga, une femme noire magnifique, sur un char imposant. Elle accapare vite l'attention, tous les regards se tournent vers elle, et elle vole la vedette à la reine d'Angleterre ! Ce jour-là, je me suis dit : et nous, pourquoi ne pas créer notre propre carnaval, en Angleterre ? D'autres compatriotes eurent la même idée car, venant de Trinidad, nous regrettions tous amèrement notre carnaval, une fête très importante pour

2. Royal Air Force, l'aviation militaire anglaise.

nous. Et c'est ainsi que tout a commencé. Très vite, Rane Laslet proposa d'utiliser un terrain de jeu pour l'événement et de faire appel à des amis musiciens. Et le premier carnaval de Notting Hill fut sur pied en quelques mois. »

Tout remonte en fait au temps de l'esclavage, dans l'île de Trinidad. Les esclaves, à qui l'on interdisait de s'habiller et même de jouer de leur musique, bénéficiaient alors – maigre consolation – d'une journée de liberté dans l'année. Selon la tradition, ils échangeaient en ce jour de fête les rôles, s'habillant avec les costumes des Blancs, défilant dans les rues, exprimant ainsi leur ressentiment en singeant leurs maîtres. De là sont nées les *mas* et la musique *calypso*, aux paroles douces-amères, qui décrit la condition d'esclaves. À la décolonisation, la coutume se transforma en une véritable fête nationale, fierté d'un peuple émancipé.

Pour les Caribéens de Londres, minorité ethnique encore considérée au début du siècle comme des descendants d'esclaves, reproduire le carnaval en Angleterre fut donc une étape importante dans leur lutte pour la reconnaissance de leur culture, et même de leurs libertés civiques. « À l'époque, nous étions encore sous une sorte de juridiction coloniale en Angleterre, qui ne permettait pas par exemple à un Caribéen d'exercer une profession artistique. Les autres communautés étrangères de Londres, Français, Espagnols ou autres, célébraient pourtant depuis le XIXe siècle leur fête de l'Indépendance. Mais nous, Caribéens, n'étions que spectateurs des festivités des autres. Pourtant ce carnaval est crucial pour nous. Il est aussi ce qui nous relie à nos racines africaines, perpétuant les traditions ancestrales de l'Afrique, le rituel des cérémonies avec les masques, costumes et instruments de musique. Ainsi que son iconographie sacrée, autant religieuse qu'érotique, que vous retrouvez encore dans le carnaval aujourd'hui. Très vite, les Anglais réalisèrent qu'ils ne pourraient pas nous empêcher de faire le carnaval à Londres. C'était notre manière de nous réapproprier ce qui nous avait été enlevé. »

Les débuts furent pourtant difficiles, et nombreuses furent les menaces racistes lancées à Larry et aux siens. Des affrontements violents eurent même lieu dans les années 1970. « Il y eut pas mal d'attaques contre nous par des intégristes de tout style, notamment la bande à Mosley[3]. Mais ceux-ci réalisèrent vite qu'ils avaient intérêt à bien se tenir, que nous savions nous aussi nous défendre. Puis le gouvernement comprit pour sa part qu'il avait intérêt à promouvoir le

3. Dirigeant du parti d'extrême-droite anglais à l'époque.
Voir le portait de Rachel Lichtenstein, p. 110.

carnaval, un événement de plus en plus populaire. » Aujourd'hui, le temps des luttes est fini. Le carnaval est devenu une fête presque bon enfant, réunissant les communautés caribéenne mais aussi jamaïcaine, africaine et portoricaine, qui s'y sont peu à peu greffées. « Désormais, il s'agit avant tout de s'amuser. Pour nous, les professionnels du carnaval, cela demande cependant beaucoup de travail et de discipline. Assurer le management, la sécurité, acheter des licences... C'est une fête organisée très sérieusement ! »

La fête ressemble surtout aujourd'hui à un gros ramdam commercial, avec ses publicités crachées par des amplis, le nom de son sponsor, la bière Carlsberg, martelé sans interruption, ses policiers drainant les hordes de touristes, errant à la recherche d'attractions, de boissons – ou de la sortie. Je soumets à Larry les critiques, de plus en plus nombreuses, qui prétendent que le carnaval aurait perdu son âme. Pour lui, le problème est simple. « La majorité des organisateurs ne prennent plus en considération l'art. C'est l'art qui fait le carnaval, pas le business. Si vous avez des milliers de personnes en costumes défilant dans la rue, plus tous les groupes de musique, et que vous ajoutez à cela un matraquage publicitaire pour attirer les badauds à la recherche d'animation, pour leurs porte-monnaie, vous créez Babylone ! »

Le *rasta man* n'est pas le seul de cet avis. Il y a quatre ans, les résidants du quartier se sont regroupés pour signer une pétition, ulcérés par l'évolution des choses. « Ce fut l'année maudite, 2000. Tout ce que vous aviez, pour cette édition-là, c'était des chariots avec de la musique diffusée par d'énormes amplis, de la nourriture fast-food, d'énormes banderoles publicitaires, qui vous bouchaient la vue. Certains ne virent pas un seul costume en trois jours, pas un seul ! Les gens se sont plaints, estimant que le carnaval devenait trop commercial. Le maire de Londres a donc réuni les différents acteurs (résidants compris), pour leur poser des questions. Nous avons ainsi défini la restructuration du carnaval : suppression de tout véhicule purement publicitaire, aménagement d'espaces pour les artistes, mise en valeur des costumes, etc. »

Larry dénonce enfin la corruption qui règne chez certains organisateurs : « Depuis des années, nous essayons de réunir les différentes associations qui font partie du carnaval. L'idée est de travailler ensemble, de se développer en une sorte d'industrie, autosuffisante et autonome. Pourtant, le comité d'organisation central est contre cela. La raison en est simple : l'Arts Council[4] avait l'habitude de donner à ce comité l'argent pour le développement des différents groupes, mais cet argent n'arrivait jamais... Il y a donc eu une restructuration de l'en-

4. Organisme municipal chargé de promouvoir les arts.

semble de l'événement. Désormais, chaque acteur du carnaval – que ce soit nous, les décorateurs, les musiciens ou les organisateurs – doit rendre des comptes sur ses activités. On repère ainsi ceux qui s'en mettent plein les poches sans rien faire. Collectivement, nous sommes aujourd'hui également plus forts, plus autonomes. »

« D'une certaine façon, notre travail et notre style de vie sont très représentatifs de notre condition de Londoniens. D'un côté, vous devez être extrêmement organisés, sur le qui-vive, combatifs. Et de l'autre, il vous est également possible d'être vous-mêmes, de montrer votre différence. Au bout du compte, le carnaval est une allégorie de notre vie. Dans un contexte extrêmement compétitif, nous continuons à avancer à notre façon. Nous utilisons ce qui nous a été donné, notre sens du rythme et des couleurs – et même notre oisiveté. Les Blacks ont la réputation d'être rêveurs, voire paresseux, oisifs... Oui, mais nous le sommes intelligemment, en créant de l'art », dit-il avant d'éclater à nouveau de rire.

Quant à l'embourgeoisement de Notting Hill, qui transforma son environnement quotidien au cours des vingt dernières années, cela ne semble plus le troubler. « C'est une évolution naturelle, vous savez. Toutes les villes occidentales l'ont vécue, cette *gentryfication*... Il faut prendre de la distance par rapport à tout cela. Les anciens étudiaient le calendrier, ils observaient les étoiles. Pour revenir à votre question, le quartier a changé, mais il n'a pas perdu son aura. Il demeure jeune, vivant. La nouvelle génération est d'ailleurs plus cultivée que nous ne l'étions. Ils n'ont plus à faire un service militaire de deux ans, et peuvent à la place voyager, se cultiver, etc. Au cours des trente dernières années, Londres est devenu une sorte de Mecque culturelle. Regardez, vous avez désormais le carnaval brésilien dans cette ville ! »

AVANT LA CHUTE DE L'UNION SOVIÉTIQUE,
LES RUSSES QUI VENAIENT À LONDRES
ÉTAIENT ESSENTIELLEMENT DES RICHES
QUI FUYAIENT LE RÉGIME
MAINTENANT, CE SONT DAVANTAGE DES ÉTUDIANTS

Yuri Kalnits
Violoniste

MAESTRO

Yuri Kalnits, vingt-huit ans. Musicien depuis ses cinq bougies, il vit et exerce son art à Londres. Le maestro est l'un des 100 000 Russes qui habitent la capitale anglaise, à Notting Hill, centre historique de la diaspora russe en Angleterre (comme en témoignent entre autres les noms des rues londoniennes : Moscow Road, St Petersburg Avenue, etc.).

« Kalnits est un virtuose au talent énorme, possédant une grande dextérité, un tempérament et une personnalité hors du commun, un sens des couleurs et de la performance », déclare le professeur Yfrah Neaman, qui ne tarit pas d'éloges. Il faut dire que le violoniste n'a pas attendu pour se faire connaître, empochant une dizaine de prix étudiants dès son arrivée au Royal College of Music de Londres. Comme l'un de ses modèles, Dimitri Chostakovitch, ce génie précoce qui signa à vingt ans une *Première Symphonie* exceptionnelle. Une carrière internationale l'a ensuite emporté dans les grandes capitales de la planète, mais Londres est resté son point d'attache. Les choses n'ont pourtant pas été toujours simples pour cet artiste bohème dont la vie rappelle par certains aspects celle de ces poètes peints par George Orwell dans *Down and Out in London and Paris*[1]. Une vie de patachon, d'hôtel en hôtel, mais qui exige également un minimum de dix heures de travail quotidien, tant la carrière de soliste violon est difficile.

On retrouve Yuri dans le jardin de Pushkin House, son ancien domicile, une sorte de Villa Médicis pour les Russes de Londres. Artistes, écrivains, musiciens et même hommes d'Église ont vécu dans cet endroit hors du commun, qui appartient à l'Église orthodoxe russe. La maison risque d'être vendue sous peu, après cinquante ans d'existence.

Peux-tu revenir sur les débuts de ta carrière ?

Je suis né à Moscou en 1975. J'ai fait ma scolarité dans une école spéciale de musique, dès l'âge de sept ans, à la Moscow Central Music School, puis à la Moscow Gnessin Music School for Gifted Children, en tant qu'élève d'Irina Svetlova. Nous avions une demi-journée de musique et une demi-journée de sujets « normaux ». J'aimais beaucoup le principe. Je tournais beaucoup, dès mes dix ans, pour représenter

1. Geroge Orwell, *Dans la dèche de Londres à Paris*, Paris, 10/18, 2003.

l'école dans des festivals qui me firent découvrir le monde. À dix-sept ans, je suis parti étudier à Londres.
J'ai découvert la musique grâce à mes parents. Ils m'ont fait jouer dès mes quatre ans. D'abord du piano, puis, à cinq ans, le violon. Mon père lui-même est violoncelliste, il fut un soliste célèbre dans les années 1960 où il fit des tournées à travers toute la Russie. Ma mère vient d'Odessa, en Ukraine. Une danseuse classique, qui fit ses débuts dans le théâtre, d'Odessa à la Sibérie, où elle rencontra mon père.

Comment s'est passée ta découverte de Londres ?

La première fois que je suis allé à l'étranger, c'était dans cette ville. J'avais douze ans. Pour jouer un récital. Je me souviens d'un voyage incroyable, je vivais dans un pays en crise, sous Gorbatchev, et je découvrais la vie occidentale, assez émerveillé. Dès lors, je décidai de partir vivre à Londres, où je m'installai en 1992. D'ailleurs, si j'étais resté en Russie, j'aurais dû faire l'armée, et mes parents décidèrent que j'avais mieux à faire. Mon professeur partit aussi à Londres à cette époque.
Mes premières impressions de la ville furent étranges – assez mitigées, en fait, après l'éblouissement des débuts. Il me fallut plus d'un an pour comprendre comment les choses de la vie pratique fonctionnaient en Occident. J'étais jeune, très seul. Et puis j'étais censé bénéficier d'une bourse au Royal College of Music, or je découvris en arrivant que je ne pouvais plus l'avoir, pour des problèmes administratifs… Je dus repasser un examen, dans la panique, une semaine après mon arrivée, que j'ai eu, mais qui ne me permettait pas de bénéficier de la bourse avant trois mois. Trois mois où j'ai survécu tant bien que mal, avec cinquante livres sterling en poche, en tout et pour tout.
Je logeai deux mois chez mon professeur, qui devint un ami, après quoi je commençai à vivre dans des hôtels. À cette époque, ma vie se résumait à deux choses : aller au College chaque matin pour jouer, revenir à l'hôtel en fin d'après-midi, pour jouer le soir. Je n'avais aucun contact pour trouver du travail, j'étais complètement seul. Je suis resté cinq ans dans ce College (où j'ai passé mon « B mass » et mon « Postgraduate »). Ensuite, ce fut comme dans un manège : Kensington, Wembley Parc, Wimbledon, Earl's Court, Tower Bridge, Notting Hill, Shepard's Bush, Uxbridge Road, Greenwich… J'ai aussi vécu dans une dizaine d'autres endroits, mais de manière plus sporadique. Différents styles de lieux : d'abord un hôtel, dans Kensington, puis une maison, puis une chambre, chez une famille française, puis un hôtel à nouveau…
Le problème avec Londres, c'est que c'est une ville trop coûteuse pour un artiste. Et puis, tout est ici à des distances monstrueuses. J'en ai eu assez au bout d'un moment de passer d'un lieu à l'autre. Désormais,

je n'ai plus qu'une petite valise, que j'emmène partout avec moi. C'est plus facile. Mais peu importe au final ces problèmes matériels. La scène musicale est fantastique ici. Des grands concerts chaque jour. C'est l'une des meilleures villes d'Europe, pour un musicien.

Comment se passe ta vie de concertiste ?

Il faut distinguer deux choses : ma carrière de soliste, qui me prend le plus de temps, et mes à-côtés dans des orchestres. En orchestre, je joue d'abord pour de grandes institutions, de manière plus ou moins régulière. Le Royal Philarmonic Orchestra, le Covent Garden Orchestra, le London Concert Orchestra... Je réponds surtout à des offres : des gens entendent parler de moi et me contactent. J'ai mon site Internet pour cela[2]. Par ailleurs, en tant que soliste, je fais des auditions que je trouve de différentes manières, sur Internet par exemple. Enfin, j'ai un agent. Et puis, j'ai gagné quelques compétitions[3], ça aide.

Parmi tes collègues de travail, y en a-t-il avec lesquels tu joues de manière régulière ou que tu retrouves aux mêmes endroits ? Est-ce possible dans une ville comme Londres ?

Oui et non. La scène londonienne est grande, mais on connaît vite les gens dans ce milieu. Parfois, je travaille avec des gens que je retrouve. Mais ma façon de fonctionner, avec d'un côté le solo, de l'autre l'orchestre, m'en donne peu l'opportunité.
C'est soit le promoteur du concert qui choisit le programme, soit moi. Personnellement, j'aime jouer du baroque, Brahms ou du classique, Beethoven. Et puis Chostakovitch, et Prokofiev.

Tu voyages aussi beaucoup ?

Oui, j'ai beaucoup joué en Allemagne, et j'ai dû voyager dans plus de soixante-dix pays pour jouer. C'est du cinquante-cinquante. Moitié à l'étranger, moitié à Londres. Cela change chaque année. Cela dit, Londres reste ma base, mon chez-moi. Surtout depuis que j'ai eu la chance d'habiter à Pushkin House, cette maison culturelle russe, un lieu magnifique.

Comment, à Londres, trouver de telles résidences lorsque l'on est artiste ?

Personnellement, cela s'est passé grâce à une amie violoncelliste. Pendant six mois, j'ai entendu parler de Pushkin House sans pouvoir

---

2. www.kalnits.com
3. Citons par exemple le Yehudi Menuhin Award from the Sudborough Foundation, le KPMG/Martin Musical Scholarship (UK), le Cziffra Foundation competition (France), le Web Concert Hall Competition (États-Unis), le Barthel Prize de la Concordia Foundation...

joindre qui que ce soit. Enfin, j'ai pu contacter la propriétaire et – comme c'est souvent le cas à Londres – j'ai eu une interview très protocolaire avec elle. J'étais bien habillé, poli...

Quelles sont tes relations avec la communauté russe ici ?

Il y a une grande communauté à Londres, certains de Moscou, d'autres d'ailleurs en Russie. J'ai noté un changement, récemment, dans le type des Russes qui viennent ici. Avant la chute de l'Union soviétique, c'étaient essentiellement des gens riches qui fuyaient le régime. Maintenant, ce sont davantage des étudiants, ou des « enfants de », ainsi que pas mal de personnes qui viennent pour le boulot, et rentrent ensuite en Russie. Enfin, un bon nombre d'artistes et quelques musiciens.

Comment vois-tu ta vie dans quelques années ?

Mon idée, dans l'avenir, est d'avoir d'abord un vrai pied-à-terre à Londres, et de voyager un peu partout. C'est ce que je fais maintenant, au fond.

JE SUIS NÉE À BRIXTON.

JE NE SUIS JAMAIS ALLÉE NULLE PART AILLEURS,

SAUF À MANCHESTER

ET À BIRMINGHAM.

Cooly G.

Rappeuse

LE SON DE BRIXTON

Au bout de la Victoria Line, l'une des lignes phares du métro londonien, on trouve la station Brixton. Ce gigantesque quartier à la population en majorité black constitue une véritable ville en tant que telle. À tel point que, lorsque l'on demande à un Anglais d'où il vient, il peut vous répondre Brixton au lieu de Londres. Le quartier a une réputation assez controversée dans la capitale, cette image de coin «*daudgy*» («craignos») qui lui colle à la peau depuis les grandes émeutes de 1979. Isolés du reste de la ville, ses habitants ont dû développer leur propre culture, s'appuyant sur un sens de la solidarité, de l'entraide et de l'identité commune. La rage de ceux qui se sentaient discriminés s'est parfois exprimée dans la musique, et Brixton a enfanté les plus grands talents musicaux blacks british, dès la grande époque reggae qui en fit la capitale de la musique black en Europe. Rap, «UK garage», hip-hop : les plus récents genres musicaux ont de même puisé leurs meilleurs éléments dans le quartier et ses environs, de Miss Dynamite à Roots Manuva, en passant par Dizzee Rascal.

Encore peu connue au moment où nous écrivons ces lignes, Cooly G. rentre parfaitement dans cette configuration. Née dans le quartier, la jeune rappeuse le revendique et en est fière. Grâce aux liens qu'elle y a tissés depuis l'enfance, elle a ses propres réseaux pour faire circuler sa musique dans le quartier : la rue, quelques magasins, le bouche-à-oreille. Et surtout Raw Material, association crée il y a dix ans pour «donner de nouvelles opportunités aux jeunes, dans des domaines comme la musique ou les nouveaux médias». À l'origine de sa carrière, Cooly G. a rencontré Tim Brown, directeur de Raw Material, un Blanc d'une soixantaine d'années qui a tout de suite cru en elle, lui prédisant un grand avenir. Avec son survêtement et son argot, Tim est considéré comme une sorte de grand frère respecté par les jeunes membres de Raw Material, qui sont en moyenne âgés de vingt ans. Après les présentations, Cooly G. s'est assise automatiquement derrière une table de mixage, où elle passe la majeure partie de son temps. Si l'on reconnaît clairement à ses traits comme à ses choix musicaux ses origines jamaïcaines, son bracelet témoigne de son appartenance à l'Afrique, de ses racines ghanéennes.

D'où viens-tu ?
Je suis née à Brixton. Je ne suis jamais allée nulle part ailleurs, sauf à Manchester et à Birmingham.

À quel âge as-tu commencé à t'intéresser à la musique ?
À sept ans déjà, j'étais DJ. Mon oncle avait un sound-system, je partais avec lui dans les soirées où il jouait, et je me mettais aux platines. Les gens me disaient : « Tu sais mixer ? Tu sais reconnaître les beats ? » Vers onze ans, j'ai commencé à chanter. En 1994, un très bon ami à moi a été tué. On lui a tiré dessus, dans la rue. À Brixton. Je croyais que ces choses-là n'arrivaient que dans les films. La musique m'a permis d'exprimer mon désespoir. Plus tard, d'autres gens sont venus jouer, ils m'ont proposé de me joindre à eux et je me suis retrouvée à rapper au Christopher Palace devant 200 personnes.

D'où vient ton nom ?
C'est un petit surnom qui m'a posé des problèmes. Les gens y ont parfois lu « Cool I. G. », car je suis typée, or c'est en Inde une appellation que l'on donne parfois à des filles faciles. En fait, ma mère est jamaïcaine et mon père ghanéen. J'ai cinq frères et une sœur.

De quoi parles-tu dans tes chansons ?
En ce moment, j'écris surtout sur mes expériences dans les soirées, mes rencontres. Parce que je sors tout le temps. Et puis j'écris souvent sur ce qui se passe dans la rue, à Brixton. En même temps, j'en ai assez de tous ces clichés sur le rap « étendard de la cité », « porte-parole de la rue ». Parce que la rue, au fond, ce n'est pas si intéressant que ça. C'est juste notre quotidien.

Tes influences musicales ?
J'aime beaucoup le reggae : Bob Marley, Sisla, Lucciano. Je n'écoute pas beaucoup de rap – sauf Mos Def. Et même Britney Spears, pour sa performance. Mais mon modèle reste Missy Elliott, qui fait ce que j'aimerais faire : produire des artistes, tout en poursuivant sa propre carrière de rappeuse. Les gens m'appellent parfois la « Missy de Brixton », je n'en ai pas la grosse tête pour autant.

As-tu déjà enregistré un album ?
Je n'ai pas encore eu le temps de regrouper toutes mes chansons. J'essaye surtout de lancer une compagnie de production en ce moment, qui s'appellera Are you listening ?. Une vingtaine d'artistes ont déjà signé sur mon label, et le premier disque est parti comme des petits pains : 400 exemplaires vendus rien que dans la rue. Désormais, rançon

du succès, les gens me voient dans le quartier et me disent « Hé, Cooly G., moi aussi je sais rapper, tiens, écoute ! » Ce qui me plaît : quand j'aime leur musique, je les fais venir ici pour enregistrer.

Pourquoi cet intérêt pour la production, à côté de ton travail de musicienne ?

J'aime créer des sons. Je peux imaginer des univers sonores. Mais je fais également des photos de mode, et puis une vidéo pour mon projet Are you listening ?. Quel que soit le support, j'aime créer des choses, les mettre ensemble. Après les enregistrements, ces moments où il faut refaire des gestes précis, c'est ce qui me plaît. J'adore mettre les mains à la pâte. Je suis perfectionniste : quand je mixe, je mixe, quand je rappe, je rappe, quand j'écris, j'écris. J'enseigne également la danse et la technique musicale. Et je joue aussi au football. Je t'assure, je suis même bonne !

Pourquoi avoir choisi le cadre de Raw Material, où tu enseignes également ?

J'aime y rencontrer d'autres musiciens, dans les studios. Ici, c'est mon environnement, comme chez moi. Mais je sépare mon travail d'artiste (où je fais mon portfolio, prépare mes disques, etc.) et mon boulot d'enseignant (où je dois être à l'écoute des autres). Surtout, ici, c'est un style unique d'école. Nous tous, les musiciens de Raw Material, on ne débarque pas en disant, comme d'autres bouffons : « Bonjour, nous sommes de Raw Material, nous allons vous chanter une chanson, bla bla bla. » On prend les platines, et boum ! C'est comme une explosion. Tim, surtout, est très précieux. Il m'aide même dans mes dossiers de demande de bourse et de financement, pour Are you listening ?. Sans son enseignement, j'en aurais été incapable.

service●eam

ÉPILOGUE

LE LONDRES DES ANONYMES

ALISTAIR
SCOTT
JARDINIER

LE LONDRES DES ANONYMES

Celui qui a vécu plus de quelques années dans la capitale sait une chose : cette ville est façonnée par ces gens souvent méconnus, voire anonymes. Comme Dickens l'avait compris, Londres fonctionne grâce à ces centaines de milliers d'inconnus qui réinventent le quotidien au jour le jour, hors des sentiers battus. Impossible donc d'achever ce livre sans ce « portrait du Londonien en acteur anonyme ». Et quoi de plus typique qu'un jardinier comme héros anonyme de Londres ? On aurait aussi aimé vous parler de ce clochard céleste qui réveille les pubs de l'est de la ville, d'un chauffeur de métro philosophe… Mais on a retenu la leçon de Walter Benjamin : écrire sur les villes est un projet sans fin. Surtout Londres. Alors, on s'arrêtera là.

PLUS D'UN TIERS DU TERRITOIRE LONDONIEN SE COMPOSE

DE ZONES HERBEUSES

À L'HERBE SEMI-NATURELLE OU ENTRETENUE,

DE TERRES AGRAIRES ET DE FORÊTS DE FEUILLUS

Alistair Scott
Jardinier

LA VIE EN ROSES

Une fin d'après-midi d'hiver glaciale, sur Edware Road. En face de nous, les arbres décharnés de Hyde Park ondulent au vent comme des spectres. Un ciel lourd, impénétrable. « J'aime cette journée, son atmosphère – comment dire – morne (*bleak*) », commence Alistair Scott en préambule de notre conversation, dans cette pizzeria-cafétéria où l'on s'est retrouvés, un peu par défaut, face à l'orage menaçant. « Hyde Park a ce même type de beauté. » L'homme connaît bien le sujet, lui qui est responsable du Rose Garden dans le plus grand parc de la ville, qui s'étend majestueusement à l'horizon.

Rencontré par chance l'après-midi même (où nous nous étions rendus pour chercher, au petit bonheur la chance, des « tenues vertes », uniforme des jardiniers de Hyde Parc), l'homme fut tout de suite intéressé par l'idée. Il nous donna donc rendez-vous, en début de soirée, dans ce café. Chez les Britanniques, la profession de jardinier est élevée au rang de catégorie artistique. À tel point que la Tate Modern leur a récemment consacré une exposition, « *The Art of gardening* », rappelant comment l'art anglais fut souvent inspiré par les jardins – et vice versa. Même les plus Londoniens des Londoniens, Gilbert & George, n'ont pas souhaité déroger à cette tradition qui fait que presque tous les grands peintres anglais, à un moment ou un autre, ont représenté leur *cottage*, *park*, *garden* ou *allotment* (allez voir les grandes toiles de scènes campagnardes des deux dandys de Hackney, à la Tate Britain). Tout l'art des jardins anglais est d'ailleurs qu'ils se fondent si parfaitement dans le paysage qu'on ne les remarque même plus. On vit ici entouré de tant d'espaces verts, havres de paix parfaitement entretenus, qu'on en oublie notre chance. Londres est la ville qui possède le plus de parcs au monde, ses « poumons », dit-on ici, refuges de tout temps pour vagabonds, enfants délaissés et amours en transit. Artistes du quotidien, leurs maîtres d'œuvre jardiniers sont pourtant ignorés, comme si la nature s'était mise toute seule en tête de se fondre çà et là au milieu des gratte-ciel de la ville.

Alistair, pour sa part, porte des lunettes de savant et parle plus comme un poète que comme un homme du terroir. Le jardinier a étudié la philosophie et la littérature à Greenwich University, où il s'est passionné pour les romantiques allemands, et pour Heidegger. « Je me souviens surtout qu'il m'était assez difficile de le comprendre car, comme Nietzsche, il utilise un langage assez poétique. J'ai compris plus tard qu'au lieu d'y chercher un sens il fallait se concentrer sur les images qu'il crée, sur sa poésie. » Laisser parler la poésie des choses, c'est peut-être ce qu'Alistair cherche en s'occupant de roses. Contre le monde rationalisé, technicisé, contre la langue réduite au pur fonctionnalisme, Alistair aime lui aussi les chemins qui ne mènent nulle part et le mystère de l'être. Heidegger, d'ailleurs, emploie le terme de « clairière », dans la « forêt » des mots (*Lichtung*). Alistair cultive pour sa part un pré de roses, immense, sans ordre apparent, aux milliers de couleurs bariolées ou dégradées, dont la disposition évolue au gré des envies et des saisons. Il cite également Shakespeare, Milton et la littérature de la Renaissance, dans lesquels il se perdit dans sa jeunesse – Milton, qui vouait une admiration sans bornes aux « *garden houses* », ces maisons avec jardin typiques de Londres.

Tout est pourtant parti d'un hasard pour Alistair. Durant ses études, l'horticulteur cherche un petit job et tombe sur une annonce dans une vitrine : « On cherche main-d'œuvre pour creuser des tombes. » « Je me suis immédiatement présenté, pensant que ce serait un boulot intéressant. » Sûrement à cause de son côté romantique, presque lugubre, qui le fait aussi apprécier le paysage désolant d'Hyde Park en hiver[1]). Comme il n'a pas les qualifications requises, on lui propose de travailler comme ramasseur de papiers, à Hyde Park. Et voilà notre apprenti philosophe se retrouvant dans Hyde Park, à glaner objets perdus, pulls et bonnets, sacs plastiques, papiers sales, paniers d'osier et toutes sortes de trésors incroyables.

Le jardinier mime le geste du ramasseur, avec sa pince. « Tac, tac ! » Il s'avoue un peu nostalgique de ces débuts avec leurs moments magiques, comme « le petit matin, quand tu as le parc pour toi tout seul ». Il y fut un prince anonyme, à qui on fiche la paix, avec le sac derrière le dos et la liberté de ses horaires. Dorénavant, il travaille de sept heures du matin à quatre heures de l'après-midi, en équipe. Et l'été jusqu'au soir – « une heure du matin, parfois, en juillet et août, le parc est rempli de monde jusqu'à ce que la nuit tombe ».

Reprenant là-dessus une gorgée de son « café latte », Alistair se gratte la gorge pour dominer le brouhaha de fond qui va crescendo dans notre inénarrable pizzeria de refuge. Avec ses publicités « SLICE + COKE », ce décor détonne quelque peu avec notre interlocuteur. Il compare maintenant son travail à une campagne militaire : « Vous avez tous ces hommes, en position. Et il faut faire vite, on n'a pas toute la

1. Fibre macabre qu'il partage avec beaucoup de ses compatriotes, voir à ce sujet le cinéma de Peter Greenaway.

nuit. » Il évoque ensuite le côté « sauvage » de Hyde Park – une véritable jungle par endroits, où la végétation peut vous arriver à la taille. À l'opposé de nos jardins cartésiens, avec leurs buissons carrés et leurs pelouses à herbe courte. Au XVIIe siècle, Hyde Park faisait partie de la campagne, aux portes du quartier ouest de la ville. Aujourd'hui, selon la Land Cover Maap (prise du satellite Landsat), « plus d'un tiers du territoire londonien se compose de zones herbeuses, à l'herbe semi-naturelle ou entretenue, de terres agraires et de forêts de feuillus[2] ».

Définitivement converti au règne végétal et laissant les Lettres dans leurs livres, Alistair décide de changer de carrière après l'université. Il décroche un premier emploi à mi-temps à Hyde Park, comme planteur d'arbres. Puis il passe aux fleurs. « Une année, nous avons planté des milliers et des milliers de jonquilles, autour de la Serpentine Gallery. Vous les verrez émerger, en mars. Dans un mois, tout sera jaune. » Il s'inscrit en parallèle à des cours d'horticulture, au Horticultural College de Capel Manor (Gunnersbury Park), où il obtient le « NVQ I + II » du « RHS General Certificate », diplôme apparemment indispensable pour devenir jardinier professionnel outre-Manche. Cinq années d'études à mi-temps. « Cela prend des années de comprendre le règne végétal, son fonctionnement. Au début, vous regardez des plantes et vous ne savez pas par quel bout commencer... » Désormais pépiniériste, comme on dit des horticulteurs spécialisés dans la culture des roses, il possède autant la théorie que la pratique, sait faire naître des roses en piquant de greffes, élever et soigner des plants de plus de 60 espèces différentes. À quel moment tailler ? Quand piquer ? « Tout cela est très intuitif », de même que son attitude face aux risques de gel à l'approche de l'hiver. « Vous savez, les fleurs sont des organismes très résistants. Même des roses. Elles peuvent survivre au froid. Et puis, l'Angleterre ce n'est tout de même pas la Sibérie. »

2. Peter Ackroyd, *op. cit.*

La vingtaine de longs métrages de Stephen Frears, dont la remarquable adaptation des *Liaisons dangereuses*, mais aussi *The Snapper* ou *The Van*, font sa réputation depuis le début des années 1980. Avec ce que l'on appelle parfois («par erreur») sa «London Trilogy» (*My Beautifull Laundrette*, *Prick Up your Ears*, *Sammy et Rosie s'envoient en l'air*) ainsi que son dernier film *Dirty Pretty Things*, Frears a également inventé une manière de filmer Londres, un regard cinéphilique sur cette ville, nourri d'œuvres littéraires (Charles Dickens, T. S. Elliott, surtout Hanish Kureishi, son scénariste) autant que de peintures (Turner, et des peintres du début du siècle). Son prochain film raconte l'histoire d'un théâtre mythique de Soho transformé dans les années 1960 en strip-tease.

POSTFACE

STEPHEN
FREARS
RÉALISATEUR

POSTFACE

Frears avait commencé par nous mettre en garde par courriel : « Vous allez être déçu !... » De réputation, on sait qu'il est peu bavard, qu'il aime seulement parler de cinéma. Le sien, en l'occurrence, est constitué d'une vingtaine de longs métrages (sans compter les réalisations pour la télévision), dont ses trois films sur Londres, *My Beautiful Laundrette*, *Sammy et Rosie s'envoient en l'air*, et *Prick Up your Ears*, appelés (à tort selon lui) sa « London Trilogy ». La ville, en tout cas, fut une nouvelle fois le cadre de son dernier film *Dirty Pretty Things*, l'histoire de trois étrangers dans la ville et de leur vie faite de débrouilles. Misère, déceptions, réalité sordide faite de contrôles de police et de trafics d'organes. On y voit l'écart qui se creuse, peu à peu, entre la vision qu'ils se faisaient de la capitale britannique (quelques plans grandioses et presque « clichés ») et sa dure réalité.

Frears est un homme direct, presque bourru. De temps en temps, son visage se détend, ses yeux s'éclairent et on a l'impression qu'il vient de découvrir quelque chose auquel il n'avait pas pensé auparavant (malgré les centaines d'interviews qu'il a dû donner...). D'habitude, il essaye de « ne pas trop analyser », marchant à l'intuition, peut-être soucieux de garder la fraîcheur de ses premières impressions. Il dit souvent qu'il « voit » ou ne « voit pas » ce que l'on veut dire, mots qu'il faut prendre au pied de la lettre. Car Frears est avant tout un visionnaire. Une mémoire visuelle, un cinéma plus proche de la peinture que de la littérature. « Je ne suis pas un auteur, il faut laisser le scénario à l'écrivain », aime-t-il à rappeler. Dans ses films, c'est souvent à travers les yeux du héros que le spectateur perçoit le monde extérieur – coins sordides du *suburb*, soleil se levant sur Trafalgare Square, chambres minuscules dans lesquelles se serrent des clandestins (*Dirty Pretty Things*)...

« Je vais commencer par vous dire une chose : je déteste les clichés sur les Londoniens *cockney*. D'ailleurs, même si je vis ici depuis quarante ans, je suis né dans l'Est du pays. Je ne me considère pas comme un Londonien mais comme un provincial. Après avoir fini mes études à Cambridge, je suis monté sur Londres, comme beaucoup de gens. J'ai d'abord habité chez ma tante à Heamstead, quartier que je déteste, avec son atmosphère délétère, oppressive. En 1962, je suis parti habiter à Notting Hill, que je ne connaissais pas bien, mais qui me semblait faire partie du Londres qui était en train de changer. On pouvait

y flâner, y boire des cafés, y fumer des joints au cinéma l'*Electric*. Comme beaucoup de choses dans ma vie, c'est d'instinct que j'ai agi et découvert des choses. »

« Si j'ai fait pas mal de films sur Londres, c'est tout simplement parce que j'y ai vécu la majeure partie de ma vie. Vous savez, j'ai aussi voyagé un peu partout – aux États-Unis, en Irlande, etc. –, mais je suis toujours revenu ici. C'est peut-être lié au fait qu'on y trouve la plupart des gens intéressants. Cela étant, parler de trilogie londonienne au sujet de mes films me met toujours mal à l'aise. Ce fut toujours assez passif chez moi, du simple fait que je vivais au bon endroit, au bon moment. Quant à l'origine de mes films, c'est assez simple : je lis des scripts, qu'on m'envoie. Si je les apprécie, je contacte l'auteur et voilà. Ainsi, pour *My Beautiful Laundrette*, je reçus ce scénario de Hanish Kureishi qui me plut d'emblée, et décidai donc d'en faire un long métrage. Quant à la façon de filmer, je n'invente rien : tout est là, dans la réalité, à portée de main ! Il suffit d'ouvrir les yeux. Un exemple : dans *Sammy et Rosie s'envoient en l'air* (qui aurait dû être tourné à Brixton, mais fut fait ici, parce que je suis paresseux), ils vont à un moment sous le pont et découvrent ce poème de T. S. Elliott, écrit sur le mur. Ce poème, je l'ai découvert par hasard en tournant cette scène. Sinon, je lis Dickens, où je trouve souvent mon inspiration. J'aimerais être comme Dickens, mais ce n'est pas moi. Je ne suis pas un auteur, je ne suis qu'un cinéaste (*film-maker*). Les gens ne comprennent jamais cela. Je fais tout inconsciemment, tandis que Balzac, par exemple, écrivait sur Paris en quelque sorte « consciemment ». Ou Dickens sur Londres. Moi, je suis un intuitif, je vais où ma route me mène. Quand je réalise *Dirty Pretty Things*, cela se passe à Dalston, où vivent la plupart des Kurdes et Turcs, mais je n'y ai jamais mis les pieds auparavant. Au final, ça marche. »

« Londres a beaucoup changé depuis quelques années. Ma vie coïncide en fait avec la meilleure période de ce pays : les années 1960 à 1980. L'Angleterre n'est plus un pays libre d'esprit aujourd'hui. Cela s'est passé il y a trente ans, il y eut cette autre façon de penser. Puis arriva Mme Thatcher. Regardez en face, l'autre bout de la rue. Tous ces immeubles ont changé. Les loyers ont augmenté, les magasins n'ont plus le même style, cela ressemble de plus en plus à Bond Street[1]. Avec cet embourgeoisement général, débarquent ces chaînes de restauration rapide, *Coffee Republic*, etc. Mais certaines choses demeurent, il y a par exemple encore trois ou quatre bonnes salles de cinéma dans le coin – comme le *Coronet*, le *Gate*. Et puis l'*Electric*, très moderne. En ce moment, je réalise un film (sur un scénario de l'écrivain américain Martin

1. Rue de boutiques chics du centre de Londres.

Sherman, qui vit ici) au sujet d'un théâtre qui fut très populaire à Londres dans les années 1950, le *Window Theater*. Il fut racheté en 1962, pour devenir un *stripclub*. Le lieu existe toujours. J'ai voulu témoigner de cette histoire, de la disparition d'un certain type de théâtre. De même, il est devenu difficile de tourner à Londres depuis cinq ans, même si cela s'est un peu arrangé. Il vous faut toujours des autorisations, ne serait-ce que pour avoir un câble dans la rue – et la bureaucratie anglaise est l'une des pires. »

« Enfin, une sorte de subculture persiste malgré tout. C'est ce que j'ai voulu montrer dans *Dirty Pretty Things*, cette vie parallèle, en marge du mouvement général de la ville, que personne ne remarque d'habitude. De Londres, vous ne percevez souvcent qu'une infime partie, la part émergée de l'iceberg. Surtout au sujet des étrangers : il est plus facile de fermer les yeux, de ne pas faire attention à la façon dont le gouvernement traite les immigrés, avec son insupportable hypocrisie. À la fin du film, la femme jouée par Audrey Tautou fuit Londres pour partir à New York. Elle est prête à se mutiler, à vendre ses organes, comme beaucoup de clandestins. Londres, c'est aussi cela. »

« Une dernière chose. Si vous faites des films au sujet des *outsiders* des grandes villes (ce que je peux définir comme étant mon style), vous ne filmez pas des Blancs aliénés de Notting Hill, mais des gens pour lesquels cette aliénation est en quelque sorte intérieure. Et si vous êtes dans une sorte d'exil émotionnel, comme je crois l'être, il est naturel de travailler avec des immigrés. Ils comprennent parfaitement ce que je veux dire, les métaphores que j'emploie. D'une certaine manière, c'est la raison pour laquelle je me suis toujours efforcé de montrer la ville telle qu'eux la perçoivent. J'essaye de me mettre à leur place. D'où l'idée de faire jouer trois acteurs non anglais[2]. Chacun d'entre eux, à sa manière, crée sa propre vision de la ville. »

---

2. Avec Chiwetel Ejiofor, Audrey Tautou et Sergi Lopez.

NOTICES BIOGRAPHIQUES

TARIQ ALI est né à Lahore, au Pakistan. C'est un éternel exilé. Il a fui son pays dans son enfance et il ne peut y revenir après ses études à Oxford, en raison de son engagement politique de jeunesse contre la dictature. Figure marquante des mouvements révolutionnaires des années 1960, quelque part entre Daniel Cohen-Bendit et Jean-Paul Sartre, il fut immortalisé dans la chanson *Street fighting Man* de Mick Jagger. Directeur éditorial de la maison d'édition Verso et de la *New Left Review* (avec Perry Anderson), il a écrit des documentaires pour la télévision, des pièces de théâtre et plus récemment cinq romans, traduits dans une douzaine de langues. Son dernier essai en date, *Le Choc des intégrismes*, récemment traduit en français (Textuel, 2002), est devenu un best-seller international.

KNUT AUFERMANN est né à Hambourg (Allemagne). Ce musicien est arrivé à Londres il y a six ans pour y étudier l'ingénierie du son. Embarqué dans l'aventure de la radio Resonance depuis 2002, il n'a plus décollé de la capitale. Avec un festival annuel, des centaines de programmes, réalisés pour la plupart par des artistes bénévoles, la mise en place d'une association de radios indépendantes européennes, il peut aujourd'hui estimer que Resonance n'est plus loin de l'utopie qu'elle souhaitait incarner.
Contact : auferman@yahoo.com

De **BANKSY**, on ne sait pas grand-chose, sinon qu'il est « fils d'un vendeur de photocopieuses », qu'il porte parfois un masque de singe et qu'il aime se caricaturer en rat. Le reste se trouve dans son art, que tout Londonien peut découvrir à chaque coin de rue, dans les graffitis dont il est l'auteur, en général réalisés au pochoir. *Watch out for the art terrorist !*
www.banksy.co.uk

À presque cinquante ans, **TIM BASTER** a déjà beaucoup vécu. Mais cela fait à peine quinze ans qu'il fait ce qu'il aime. Après avoir travaillé dans le bâtiment, il change radicalement de vie à trente-six ans pour se consacrer à la défense des droits des immigrés – clandestins ou réfugiés – dont le sort de plus en plus critique en Angleterre le préoccupe depuis longtemps. Repartant pour cela étudier à l'université de North London, puis travailler dans un centre de défense de réfugiés hispaniques, il se souvient d'y avoir rencontré « des gens bien, qui travaillaient

de nuit, comme bénévoles... ». Il part ensuite au Refugee Legal Centre, une importante ONG de défense des droits des réfugiés politiques. Et puis, en 1996, une grève de la faim, terrible, révèle à Tim et à certains de ses collègues le sort de centaines d'immigrés détenus dans des centres de détention ou des prisons anglaises. Il décide dès lors de créer le BID (Bail for Immigration Detainees), association de défense des droits de ces détenus, dont le travail est devenu capital dans le climat sécuritaire de l'après-11-Septembre.
www.biduk.org

ALASTAIR BROTCHIE est né en 1952, diplômé en Fine Arts, Reading University, fondateur d'Atlas Press en 1983, auteur entre autres de *Surrealist Games* (Redstone Press, 1991), *Oulipo Compendium* (avec Harry Mathews, Atlas, 1998). Dataire du collège de Pataphysique, G.O.OGG, Alistair est également le cofondateur du London Institute of Pataphysics et considère que l'avant-garde est avant tout une affaire de légèreté, de plaisir, d'absurdité, loin du sérieux qu'on lui prête généralement.
www.atlaspress.co.uk

Né à Leicestershire en 1949, **ROGER K. BURTON** est arrivé à Londres en 1973, où il crée vite le légendaire magasin PX, admiré par Malcolm McLaren et Vivienne Westwood, qui lui demandent de designer leur boutique, *The End of the World*. En 1993, il crée la Chamber of Pop Culture, une organisation non lucrative spécialisée dans tous les types d'underground et d'arts minoritaires, dans le Horse Hospital, à Bloomsbury, Londres. Il travaille désormais en tant que designer-styliste pour le cinéma et la télévision.
www.thehorsehospital.com

COOLY G., vingt-cinq ans, est née et a grandi à Brixton. Elle va à l'école au Tamworth Manor High School, mais fait dès ses sept ans l'école buissonnière pour partir mixer en tant que DJ avec son oncle. Passionnée de musique, composant ses premières chansons à dix ans, elle rencontre après l'école Tim Brown, de l'association Raw Material, et commence vite une carrière solo de musicienne professionnelle et de productrice. Désormais DJ sur Bounce FM chaque mardi, elle mixe au *Porkies Wine Bar* et au *Vanilla Bar*, et prévoit de sortir cet été son premier disque, *Are you listening ?*, une compilation d'artistes qu'elle produit, et de vidéos.
www.raw-material.org

MATTHEW DEARLOVE a grandi en Europe, avant d'étudier à Londres, au Royal College of Art, où il a obtenu un MA en « Architecture & Interiors » (2003), et un MA en « Cantab Architecture » (2000). Son approche, qui consiste à injecter du « récit » dans l'architecture, lui a valu de travailler sur de nombreux projets, au Helen Hamlyn Research Associate depuis 2004, ainsi qu'à The Architecture Foundation de Londres. Il a également collaboré avec Robert AM Stern Architects, New York ; De Matos Storey Ryan Architects, Londres ; Michael Hopkins Architects, Londres ; Leigh and Orange Architects, Hong Kong, et a obtenu le « nesta Creative Pioneer Academy 2005 ».
Contact : + 44 (0) 7946 513 443/mattdearlove@hotmail.com
www.hhrc.rca.ac.uk

CERITH WYN EVANS est né en 1958, au pays de Galles. Cerith part à Londres dès qu'il en a l'âge, où il étudie à la St Martin's School of Art et au Royal College of Art. Il y découvre la communauté gay, la musique punk et rencontre dans un bar de Soho Derek Jarman, dont il deviendra l'assistant. Son travail personnel utilise les néons, les miroirs et autres matériaux sophistiqués. Son art explore les diverses possibilités de représentation et de perception qui se posent au spectateur, et son rôle de témoin et interprète d'un langage visuel. Cerith vit à Londres, a participé à des dizaines d'expositions, de la Tate au Camden Arts Centre (sans parler de l'étranger). Il est représenté, à Londres, par la White Cube Gallery.
www.whitecube.com

De **LARRY FORDE**, on ne sait pas tant de choses. Qu'il s'appelle Oscar Luther de son vrai nom, que « son ami Rocky et lui ont 182 ans à tous les deux ». Et qu'il serait arrivé à Londres de Trinidad en 1953. Mal lui en prit, car il tomba sur une ville en ruine. Ayant le mal du pays et l'envie de danser le calypso de chez lui, il décide alors avec quelques amis d'exporter le carnaval caribéen dans sa ville d'adoption. Ainsi naît le fameux carnaval de Notting Hill, événement aujourd'hui ultra-touristique, qui a quelque peu perdu de son authenticité. Larry, heureusement, est là. Les costumes qu'il crée avec sa compagnie Flamboyan rappellent de quoi est constitué l'esprit du « Carnival » : un mélange de délicatesse et d'excentricité, de design élégant et de coupes invraisemblables. Larry aime avant tout écouter de bons disques, avec ses amis, au dernier étage de l'association Flamboyan.
www.uksponsorship.com/a591.htm

BRIAN HAW, père de sept enfants, 55 ans, vit jour et nuit depuis plus de trois ans dans le square en face du Parlement pour protester contre la guerre en Irak. « Tant que les enfants de mes frères irakiens se feront

tuer, je resterai ici », dit ce pacifiste qui fonde son combat sur un principe simple : « Dieu a dit : aime ton prochain comme toi-même. » Irritant beaucoup de membres du gouvernement, il a même fait l'objet d'une loi spéciale, proposée par l'ancien secrétaire d'État David Blunkett pour le faire partir de son emplacement. Les trois procès intentés contre lui l'ont pourtant tous innocenté. Haw est un modèle pour le mouvement anti-guerre, un héros pour certains pacifistes. Au Népal, un village porte désormais son nom.
www.parliament-square.org.uk

Oisif devant l'éternel, **TOM HODGKINSON** fut d'abord journaliste pour des journaux ou tabloïds. Désespéré par son travail, et le stress qui accompagnait la vie de bureau, il se mit un jour à lire Samuel Johnson, et décida de devenir un « Idler ». Dès lors, il fonde en 1993 la revue qui porte ce nom, mène une vie douce et agréable, et devient écrivain. Retiré à la campagne avec sa femme, sa vie est réglée par le principe du plaisir même s'il trouve le temps de travailler, peu mais bien, entre une sieste et une partie de billard.
Pour plus d'informations www.theidler.co.uk

Écrivain ? Provocateur agitprop ? Activiste ? Gourou d'un mouvement d'avant-garde ? Impossible de limiter **STEWART HOME** à une catégorie tant l'homme est prolifique. Lectures, performances, essais, art postal, tracts, pamphlets, expositions, plagiats créatifs, dénonciations, investigations occultes : Home est partout, aux quatre coins de la ville. Il a aussi fait des « *one-man art shows* », organisé une manifestation anti-art, collecté de l'argent pour un Booker Prize des pauvres.
www.stewarthomesociety.org

MARK JONES (53 ans) est le directeur du Victoria and Albert Museum depuis mai 2001. Il a auparavant dirigé l'ouverture du nouveau Museum of Scotland, la création du National War Museum d'Écosse (château d'Édimbourg) et la création du Museum of Scottish Country Life à Kittochside dans l'East Killbride. Il a été étroitement associé à la création de SCRAN, un organisme dont le but est l'utilisation de nouvelles technologies pour favoriser l'accès aux collections des musées, des centres d'art et d'archives et de construire à partir de là un service Internet à vocation pédagogique. Il a étudié la philosophie, les sciences politiques et l'économie à Oxford, au Worcester College et est diplômé d'un « Master of Arts » du Courtauld Institute of Art (Londres). Après une période de six mois au National Museum de Singapour, Mark Jones a été conservateur adjoint (1974-1990) puis conservateur en chef au département « Monnaies et Médailles » du British Museum (1990-

1992). Il est aussi président de la British Medal Society (il prépare un ouvrage sur ce sujet) et professeur honoraire à l'université d'Édimbourg. www.vam.ac.uk

Né à Moscou en 1975, **YURI KALNITS** a commencé à jouer du violon à cinq ans, avec son père. Accepté en 1982 par le Moscow Central Music School, il y étudia avec Galina Turchaninova. Il représente ensuite, en Russie comme à l'étranger, le Moscow Gnessin Music School for Gifted Children où il est l'élève d'Irina Svetlova. Yuri part en 1992 étudier au Royal College of Music de Londres avec le professeur Itzhak Rashkovsky, puis se lance dans une carrière de soliste et musique de chambre. Il est alors invité dans des festivals de par le monde – Musicales Internationales Guil-Durance (France), Young Artist Peninsula Music Festival (États-Unis), Festival Cziffra (France), Waterford International Music Festival (Irlande), Pharos Trust Festival (Chypre), Musica da Camera (Allemagne) – et remporte de nombreux prix, comme, en France, celui de la Fondation Cziffra. Il a fait ses «*master classes*» avec, entre autres, Shlomo Mintz, Abram Shtern, Igor Oistrakh, Rudolf Werthen, Edward Grach et Sylvia Rosenberg. Il vit désormais à Londres. www.yurikalnits.com

Né à Paris, **JEAN-CONRAD LEMAÎTRE** a étudié à l'ESCP et INSEAD à Fontainebleau. Il travaille dans le secteur bancaire depuis trente-cinq ans, dont vingt-sept ans en poste hors de France. Il a découvert l'art contemporain et commencé à collectionner en Espagne en 1983. La collection s'est agrandie lors de séjours en Grande-Bretagne et en Belgique, et est maintenant concentrée sur l'art vidéo. Grâce à sa passion et à son obstination, Jean-Conrad Lemaître s'est fortement impliqué pendant toutes ces années dans le prêt d'œuvres à des expositions, le soutien apporté aux jeunes artistes, l'appartenance aux associations d'amis des musées et la participation à l'organisation de projets (comme «06.uk» à Londres l'année prochaine).

Née à Paris, **ISABELLE DE TURCKHEIM-LEMAÎTRE** a fait des études d'histoire de l'art à Nanterre et Bachelor of Arts (BA) en communication à New York. Depuis vingt-sept ans, elle suit le même parcours que son mari. «Militante de l'art» par son soutien aux artistes, le temps qu'elle consacre à cette passion, son appartenance à de nombreuses associations d'amis de musées, jurys, comités d'acquisitions et organisations d'expositions, Isabelle de Turckheim-Lemaître vient d'être nommée chevalier des Arts et Lettres au nom du couple.

Né dans le Wisconsin, à Woodcest Acres (États-Unis), **DAVID LEISTER** part à vingt ans pour un échange d'un an avec une université londonienne. Fasciné par la grande ville, il prolonge indéfiniment son séjour… pour ne jamais en repartir. À quatorze ans, Leister monte et édite déjà des petits films expérimentaux, en éditant et collant de vieilles pellicules de films pédagogiques. Ce style se confirmera par la suite, après un passage par la Central School of Art and Design (l'actuel Central St Martins), où il étudie la technique d'« impression avancée » (« *special advanced printmaking* »), la gravure et la photographie. Il invente ensuite les légendaires « soirées kino », dans lesquelles cinéma, performances artistiques et débats se mélangent, dans l'effervescence des sixties et seventies. Avec une cinquantaine de films à son actif, il est aujourd'hui l'un des chefs de file du cinéma underground anglais pur et dur (avec des gens comme John Smith, Malcom Le Grice ou Stephen Dowskin). Son travail est régulièrement exposé et sera prochainement montré à la Tate Modern.
www.lux.org.uk

Née à Londres, le 12 juillet 1964, **ESTHER LESLIE** enseigne à Birkbeck College (University of London). Membre du comité de rédaction des revues *Radical Philosophy*, *Revolutionary History* et *Historical Materialism*, titulaire d'une thèse sur Walter Benjamin (*Walter Benjamin, Overpowering conformism*, London, Pluto Press, 2000), elle est l'une des grandes spécialistes mondiales de l'École de Francfort. À côté de son travail académique, Esther Leslie est avant tout une intellectuelle, quelqu'un qui met ses idées et sa théorie au service de l'action – politique et militante. Elle est notamment l'une des fondatrices du mouvement Mad Pride, une association de défense des droits des malades mentaux. Ancienne punk, elle organise autant de concerts, expositions et autres événements pour Mad Pride qu'elle contribue à donner une assise théorique au mouvement.
www.madpride.org.uk

RACHEL LICHTENSTEIN est née en 1969. À la mort de son grand-père, elle décide de partir à la recherche de ses racines juives, en commençant par réaliser le rêve jamais réalisé de son aïeul : étudier les beaux-arts (à Sheffield University, en 1991). Cette même année, elle s'installe à Londres, où elle devient l'artiste en résidence dans la synagogue de Princelet Street. Elle part ensuite à la recherche de cet homme mystérieux, David Rodinsky, dans une enquête qui sera l'objet du livre *Le Mystère de la chambre de Rodinsky* (avec Iain Sinclair, Éditions du Rocher). Elle travaille désormais sur une série de trois livres au sujet de différentes rues de Londres, pour Hamish & Hamilton (Penguin). Le premier, sur Brick Lane, paraîtra en 2006.

Après des études au Maidstone College of Art and Hornsey College, **JENNI LOMAX** a enseigné au Belfast College of Art et dans plusieurs écoles d'art de Londres, avant d'être nommée « *Community Education Organiser* » à la Whitechapel Gallery en 1979. Elle devient, en 1990, directrice du Camden Arts Centre. En 1993, on lui décerne le Arts Council of England/Prudential Award d'excellence individuelle et elle continue de travailler avec plusieurs organisations, dont, récemment, the British School de Rome et la Faculty of Fine Arts.
www.camdenartscentre.org/home.asp

RUT BLEES LUXEMBURG photographie Londres, la nuit. Son univers est peuplé de buildings vides, de ponts rouillés, de carcasses de voitures ou d'allées labyrinthiques. Utilisant la lumière de la rue, des bureaux, des réverbères, elle révèle grâce à la technique du « *long exposure* » (un temps de pose très long) des éléments du paysage urbain invisibles sur une image fixe : un ballet lumineux de voitures, la chute d'une goutte d'eau, le glissement d'un rayon de lune sur l'asphalte... La jeune femme allemande, qui vit à Londres depuis dix ans, est aujourd'hui l'une des photographes les plus admirées de sa génération en Angleterre. Elle a exposé à Union Gallery, Laurent-Delaye (Londres) et Dominique-Fiat (Paris), publié trois livres et présenté cet automne un opéra à l'Institute Of Contemporary Arts. Sa photo *Tower Inferno* illustre la pochette du dernier album de The Streets, nouveau groupe phare du rap anglais.
www.union-gallery.com

Le nom de **COLIN NEWMAN**, sûrement inconnu de beaucoup en France, est familier en Angleterre pour tous ceux qui s'intéressent sérieusement à la musique rock, punk, pop ou électro. Newman, c'est d'abord le chanteur de Wire, groupe culte s'il en est, l'une des meilleures choses qui soit arrivée au punk anglais (leur premier album *Pink Flag*, enregistré en 1977, demeure une référence absolue en la matière pour plusieurs générations de musiciens). Newman, c'est aussi le créateur, avec sa femme Malka Spigel, de Swim Productions, label de musique expérimentale qui fait connaître depuis dix ans les territoires encore inexplorés des univers sonores. Newman, c'est enfin un catalyseur d'énergies, un déchiffreur, un pionnier, une ouïe unique, un arrangeur du son qui travailla, notamment, avec Brian Eno et Alain Bashung...
www.swimhq.com

Né « de l'autre côté du fleuve », **GEORGE NICHOLSON** se voyait devenir ingénieur nautique. À vingt ans, il se passionne pour la cause des riverains de son quartier, Coin Street, menacés par l'arrivée de Margaret Thatcher au pouvoir et l'instauration d'un ultralibéralisme sauvage comme règle unique d'urbanisme dans Londres, par les vues d'investisseurs immobiliers décidés à expulser les habitants du quartier pour reconstruire. Entrant en politique pour défendre cette cause, il devient vite un héros local, David face au Goliath immobilier. En vingt ans de combat, il a su transformer le Coin Street Community Builders, petite association sans importance, en une puissante « entreprise sociale en action », modèle d'action citoyenne cité par tous les travailleurs sociaux de la capitale. Aujourd'hui, ses efforts acharnés permettent à Coin Street de redevenir l'un des endroits les plus populaires, les plus visités de la ville.

Née à Genève, en 1967, **TANYA PEIXOTO** est d'abord créatrice et éditrice de livres d'artistes, avant de créer la déjà légendaire *Bookartbookshop*, librairie d'art et d'avant-garde de Old Street. Elle a été invitée en tant qu'artiste en résidence, avec Tertia Longmire, à Middlesex University et à la Whitechapel Art Gallery de Londres (« Protest and Survive Show »). Elle a également édité *The Exhibition*, Longmire & Peixoto, Institute of International Visual Arts (InIVA), London.
www.atlaspress.co.uk/bookartbookshop

Née à Manchester en 1973 (Macclesfield, Cheshire), **SUZY PRINCE** vécut sa jeunesse dans plusieurs petites villes du Peak District. Elle est titulaire d'un diplôme d'anglais et d'études hispaniques à Newcastle University, et d'un DESS d'Arts Management à Northumbria University. Arrivée à Londres en 1997, « le jour même de la mort de Diana, ce qui en fait une expérience assez surréaliste ! La ville entière était en pleurs, tandis que je tâchais de trouver un endroit où habiter... ». Elle fonde et dirige le *Last Chance Saloon*, de 1998 à 2002, une boutique de mode et galerie connue alors comme « *London's best kept secret* » (« ils disent cela du Horse Hospital maintenant ! »). Elle crée, en 2003, *Nude*, un fanzine qui reprend l'héritage des grandes publications punk des années 1970-1980.

Né en 1972 au Kurdistan Nord, **HASAN SAHAN** a fui le régime avec sa famille, en 1989, pour l'Angleterre. Après des études de communication et de sciences politiques à l'université de Liverpool, il travaille dans l'éducation en 1998, aidant des enfants en difficulté en raison de leurs origines ethniques. Depuis 2001, il coordonne le London Kurdish Film Festival, le plus gros festival de films kurdes d'Europe, qui inspira la création d'autres festivals de cinéma kurde, de Berlin à Stockholm.
www.kurdishfilmfestival.com

ALISTAIR SCOTT porte des lunettes de savant et parle plus comme un poète que comme un homme du terroir. Il est pourtant jardinier à Hyde Park, où il travaille au Rose Garden, la grande roseraie du sud du grand parc. Un destin étonnant pour ce Londonien qui a d'abord étudié la philosophie et la littérature à Greenwich University. Durant ses études, l'horticulteur fait un petit boulot de ramasseur de papiers et objets trouvés dans Hyde Park. Fasciné par le lieu, il laisse tomber la plume pour le râteau et s'inscrit en cours d'horticulture. Cinq années d'études intensives, qui lui permettent d'obtenir le diplôme de jardinier. Aujourd'hui, il planche sur l'aménagement du New Rose Garden, cette seconde roseraie qui s'étendra encore plus vers le sud de la ville.

« Quiconque s'intéresse à la littérature contemporaine britannique s'intéresse à **IAIN SINCLAIR** », affirme James Wood dans le *Guardian*. Avec une vingtaine de romans, recueils de poésie, méditations urbaines (dont, traduit en français, *Le Mystère de la chambre de Rodinsky*, coécrit avec Rachel Lichtenstein), Sinclair construit une œuvre unique, univers borgésien qui se nourrit d'une exploration fiévreuse, minutieuse et quotidienne de son univers intime – Hackney et les environs de l'East London. La ville de Londres telle qu'elle est décrite par Sinclair est un univers en soi, de même que l'on parle du Paris de Victor Hugo ou du Venise de Hermann Hesse. « Par son style, il est le Thomas De Quincey des lettres anglaises contemporaines », explique également son ami Peter Ackroyd. Écriture de la ville, flâneuse, poétique et fantastique (à la traque des fantômes, à l'écoute des voix des damnés). Écriture baroque surtout (dans la lignée des Daniel Defoe, William Blake ou Edgar Poe ou, en remontant plus loin, d'un Walter Benjamin qui déchiffrait aussi les signes de son époque dans le langage des villes). Écriture d'anticipation enfin, à la manière de son complice J. G. Ballard, qui s'appuie sur le réel, l'exploration du périphérique pour dessiner notre futur urbain, la mutation de Londres en une sorte d'Alphaville impersonnelle et monstrueuse.

Élue à 29 ans, **SARAH TEATHER** est la plus jeune dépuée MP d'Angleterre. Née dans le Nord de Londres, elle a étudié les sciences, la pharmacologie (St John's College, Cambridge), a travaillé dans le secteur privé avant de se consacrer au caritatif, pour Macmillan Cancer Relief. Elle rejoint le Liberal Democrats Party en 1993, se présente aux élections et est élue en 2001. Elle est aussi musicienne, membre du London Symphony Chorus.
www.brentlibdems.org.uk

Née en 1974, **MINNIE WEISZ** est artiste et photographe. Elle a été exposée notamment à Simon Finch Gallery et St Pancras Chambers (Londres) et publiée dans *Self Service Magazine*, *Zembla*, *Cheap Date*. Explorant des zones insoupçonnées du genre documentaire (réalisme poétique, onirisme, symbolisme), son travail – influencé par la pensée du philosophe Gaston Bachelard – tente de redéfinir une « poétique de l'espace » pour Londres. Évoluant dans des zones peu fréquentées de la ville (vieil immeuble en déréliction, véhicules abandonnés, canal), Weisz recueille et révèle les histoires – parfois cachées ou oubliées – des lieux. Prolifique, elle a réalisé des travaux explorant différents médias, tout en gardant rigueur et méthode (ce qui en fait une sorte de Sophie Calle). Weisz est aussi l'auteur du livre *Eye Dream*, du film *Urban Fairytales* et de set designs pour l'opéra *Black Harvest* (Duncan McLeod, Bath International Music Festival). Elle est diplômée du Royal College of Art (MA in « Communication Art and Design ») et a reçu en 2003 le Chris Garnham Memorial Award for Photography.

BIBLIOGRAPHIE

Ackroyd, Peter, *Londres, la biographie*, Paris, Stock, 2004.
Ballard, J. G., *Millenium People*, Paris, Denoël, 2005.
Bégout, Bruce, *Zéropolis : l'expérience de Las Vegas*, Paris, Allia, 2002.
Benjamin Andrew et Osborne Peter, *Destruction and experience*, Clinamen, 1998.
Benjamin Walter, *Œuvres completes*, 3.vols, Paris, Gallimard, 2000.
Benjamin Walter, *One Way Street and Other Writings*, avec l'introduction de Susan Sontag, Londres, New Left Books, 1977.
Berger, John, *Ways of seeing*, Londres, Penguin, 1980 (réedition).
Berger, John, *About looking*, Londres, Writers and Readers, 1980.
Brotchie, Alastair (coll.), *Atlas Anthology, Rendez-vous*, Atlas Press, 1998.
Céline, Louis-Ferdinand, *Le Pont de Londres*, Paris, Gallimard, Folio, 2000.
Certeau, Michel (de), *L'Invention du quotidien*, Paris, Gallimard, 1980 (traduit sous le titre *The Practice of Everyday Life*, Berkeley, 1984).
Darke, Chris, *Alphaville*, IB Tauris, 2005.
Engels, Friedrich, « The Condition of the Working-Class in England in 1844 », in Karl Marx et F. Engels, *On Britain*, Moscou, 1962.
Harvey, David, *The Condition of Postmodernity*, Oxford, 1984.
Home, Stewart, *Neoist Manifestos*, Stirling, 1991.
Home, Stewart, *Red London*, Édimbourg, 1994.
Home, Stewart, *Neoism, Plagiarism and Praxis*, Édimbourg, 1995.Jorn, Asger, *Pour la forme*, Paris, Allia, Paris, 2001.
Keiller, Patrick, *London* (a film). 1993.
Lefebvre, Henri, *Le Droit à la ville*, Paris, Anthropos, 2000, (2e édition).
Lefebvre, Henri, *Critique de la vie quotidienne*, 3 vols, Paris, Arche éditeur, 1981 (vol. 1. traduit par John Moore, *The Critique of Everydaylife*, Londres, 1991).
Leslie, Esther (coll.) *Mad Pride, a celebration of Mad Culture*, Londres, Chipmunkapublishing London, 2000.
Lichtenstein, Rachel et Sinclair, Iain, *Le Mystère de la chambre de Rodinsky*, Paris, Éditions du Rocher, 2002.
Lichtenstein, Rachel, *London from Punk to Blair*, Reaktion Books, 2003.
Merleau -Ponty, Maurice, *Le Visible et l'Invisible*, Paris, Gallimard, Folio, 1995.
Millanvoye, Marc Alexandre et Bruna Rosso, *Tanya, 50 ans de Look*, Scali Edition, 2004.
Olsen, Donald J., *The City as a work of art*, Londres, 1986.
Orwell, George, *Down and Out in Paris and London*, Londres.

O,Neil, Eithne, *Stephen Frears*, Paris, Rivages, 1994.
Georges Perec and Paris, AA Files, London, 2002.
Perec, Georges, *L'Infra- ordinaire*, Paris, Le Seuil, coll. « La librairie du XXIe siècle », 1994.
Petit, Christopher, *Robinson*, Londres, 1968.
Chinese Boxes, Palace Pictures, Road Movies, 1981.
Poe, *The Man of the Crowd*, Londres, Penguin, 1996.
Rumney, Ralph, *Le Consul*, Paris, Allia, 1998.
Savage, John, *England,s Dreaming, Les Sex Pistols et le punk*, Paris, Allia, 2001.
Sinclair lain, *Lights Out of the Territory Granta Books*, 1998.
Sinclair lain, *Sweet Chocolate Autopsy* (with Dave Mc Kean).
Sinclair lain, *White Chappell, Scarlet Tracings*, Granta, 1996.
Sinclair lain, *London Orbital*, Granta, 2002.
The Kodak Mantra Diaries (Allen Ginsberg in London), documentaire pour la télévision.
Weisz, Minnie, *Eye Dreams, London*, Simon Finch Gallery, 2003.
Wismann Heinz, *Walter Benjamin et Paris*, Paris, Éditions du Cerf, 1986.
Zangwill, Israel, *Children of the ghetto*, Black Apollo Press, 2004.

BIOGRAPHIE DES AUTEURS

© Michael Grieve

YANN PERREAU est né en 1977 à Paris. Il a vécu au Sénégal, au Japon et en Angleterre. Attaché du livre à l'ambassade de France en Grande-Bretagne de 2000 à 2002, il est journaliste, éditeur et auteur, contribue à *Art Press*, *Beaux-Arts Magazine*, *Libération*, *Livres Hebdo*, *RFI*, *Nova*, *Blast* (France) ainsi qu'à *The Idler*, *Tank Magazine*, *the LRB* (Angleterre). Il finit une thèse sur Walter Benjamin (EHESS, Paris) et a réalisé un documentaire sur la diaspora kurde en Europe (« Atelier de création radiophonique », France Culture). Il dirige une collection d'essais sur le cinéma et l'image mouvante pour *Berg Publishers* (Oxford), et prépare un nouveau livre (*Visions of the City*, Germinal Productions). Il vit entre Paris et Londres.
www.germinalproductions.co.uk

© Danielle El Hendi

KEVIN BIDERMAN est né à San Francisco en 1977. Il travaille comme photographe free-lance et enseigne à mi-temps la photographie et le cinéma au College of North West London. Il a obtenu un BA en art à Sheffield Hallam University. Ses photographies sont apparues dans différentes publications, dont *Nova Mag* (France) et *Agenda Magazine*, *Café Mag*, *Time Out* (Angleterre). Il a été exposé en galerie à San Francisco et à Londres. Depuis deux ans, Kevin réalise un documentaire, *Living in Limbo*, sur la vie quotidienne d'une réfugiée libanaise à Londres, son combat pour obtenir le droit d'asile et la charge de son enfant. Il a aussi réalisé un portrait filmé de sa grand-mère de quatre-vingt-dix ans, Fannie Kuller Biderman, communiste qui fut victime du maccarthysme dans les années 1950 aux États-Unis.

Contact : info@kbiderman.com
www.kbiderman.com

TABLE DES MATIÈRES

TOURIST INFORMATION
ILFORD HP5 PLUS
5 5 1 2

LONDRES

LONDRES

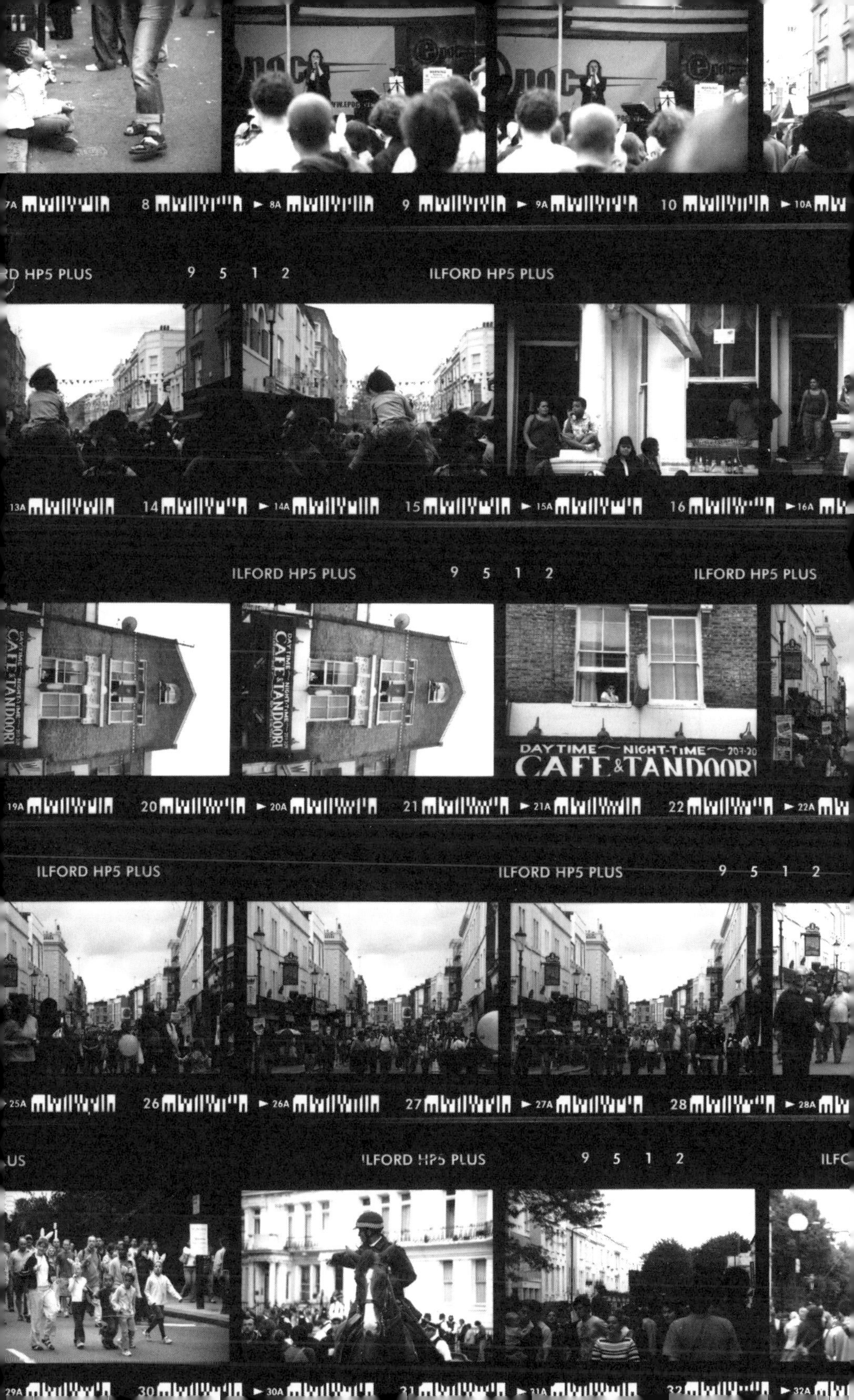
ILFORD HP5 PLUS
9 5 1 2
DAY TIME ~ NIGHT-TIME ~
CAFE & TANDOORI

Titres déjà parus dans la collection Villes en mouvement :

Varsovie
Budapest
São Paulo
Rio de Janeiro
Pékin
Casablanca
Lausanne
Genève
Rennes

À paraître

Istanbul
Lyon
Lisbonne
Turin
Marseille
Alger
Bruxelles
Roubaix

Achevé d'imprimer en août 2005 sur les presses de SNEL Grafics sa, Liège - Belgique
pour le compte des Éditions Autrement, 77 rue du Faubourg-Saint-Antoine, 75011 Paris.
Tél. : 01 44 73 80 00 Fax : 01 44 73 00 12 E.mail : contact@autrement.com
N° d'imprimeur 35158. ISBN : 2-7467-0753-5.
Dépôt légal : octobre 2005.